U0186779

纺织技术
概论

李　勇　许　多
吉　强　吴　蓓　编著

黑龙江大学出版社
HEILONGJIANG UNIVERSITY PRESS
哈尔滨

图书在版编目（CIP）数据

纺织技术概论 / 李勇等编著． -- 哈尔滨 ：黑龙江
大学出版社 ，2022.7
ISBN 978-7-5686-0812-1

Ⅰ．①纺… Ⅱ．①李… Ⅲ．①纺织工艺－概论 Ⅳ．
① TS104.2

中国版本图书馆 CIP 数据核字（2022）第 080196 号

纺织技术概论
FANGZHI JISHU GAILUN
李勇 许多 吉强 吴蓓 编著

责任编辑	张微微　张　迪	
出版发行	黑龙江大学出版社	
地　　址	哈尔滨市南岗区学府三道街 36 号	
印　　刷	哈尔滨市石桥印务有限公司	
开　　本	720 毫米 ×1000 毫米　1/16	
印　　张	9.75	
字　　数	154 千	
版　　次	2023 年 6 月第 1 版	
印　　次	2023 年 6 月第 1 次印刷	
书　　号	ISBN 978-7-5686-0812-1	
定　　价	72.00 元	

本书如有印装错误请与本社联系更换，联系电话：0451-86608666。

版权所有　侵权必究

前言

　　纺织纤维经捻合或并合等制得纱线，再经交织或编织等制得纺织品，最后经物理或化学等方法整理制得纺织品。纺织品是人类重要的生产、生活物资，对经济社会发展起着重要作用。

　　纺织工程是一门应用技术学科，是综合数学、物理、化学等基础科学的一门学科。纺织学科下设许多分支，如按原料分类的棉纺织、毛纺织、麻纺织、丝纺织和化纤纺织，再如按产品用途分类的服装用纺织品、装饰用纺织品和产业用纺织品。在进入专业课程学习之前，应先引导学生比较全面、系统地了解纺织制造的基本原理，帮助学生建立对纺织原料、制造方法和产品的基本认识，使学生掌握纺织学科的基础知识，为专业核心课程的学习奠定良好的基础。

　　本书简要讲述了纺织生产的作用与地位、纺织文化、纺织材料、纺织生产技术、纺织品及纺织发展趋势等内容，为读者提供了简化版的纺织技术概论，同时本书也可供非专业读者阅读。

　　李勇负责第1章、第4章、第6章、第7章的编写工作，许多负责第2章的编写工作，吴蓓负责第3章的编写工作，吉强负责第5章的编写工作，康启慧负责全书统稿校正。

　　由于水平有限，书中难免会有疏误之处，敬请读者批评指正。

编者

2022年1月

目录

第1章 绪论

1.1　纺织概念

自古以来吃饭穿衣是人类基本的生存需求。人类生产生活中所涉及的绳带、衣物、床品等大多可被称为纺织品（除了裘革）。一般纺织指人类所进行的纺纱与织布生产，纺织业是将棉、麻、丝、化纤等原料纺制成纱线，再织制成匹布的制造产业。

我国古代文献中就有与纺织相关的记载，如"女子废其纺织而修文采""又丝枲纺织，妇人之务""贫甚，妻纺织以给朝夕""为利之最厚者，莫如纺织"等。

现代纺织业不再局限于纺织品的生产加工范畴，而是指整个纺织的产业链，即"1+X"。"1"指现代生产的主体环节，"X"指现代生产环节所配套的产品研发与设计、原料购置与加工、物资仓储和运输、生产订单管理、商品经营及零售等环节。现代科学技术的发展，给纺织业注入了新的活力，纺织业向产业化、功能化、智能化方向发展。目前，纺织品按终端用途分为服用纺织品、装饰用纺织品、产业用纺织品三大类。在航天、军事、交通、土木工程、医疗卫生、农业等领域，产业用纺织品得到了广泛应用。从宏观角度看，纺织已不再是"纺纱+织布"，而是涉及生产、管理、营销、艺术设计及信息等多领域的系统工程。

1.2　纺织生产的作用和地位

纺织生产在整个人类文化史中一直处于重要位置。在汉语中，存在着大量来源于纺织的词汇，有的起源非常久远，但几经转化已不易被发现。已经发现的甲骨文字中就出现了100多个"系"旁的字。东汉时期许慎的《说文解字》中曾记录了267个"系"旁的字、75个"巾"旁的字、120多个"衣"旁的字，其大多数与纺织有关。[①] 现代汉语中，"绩""纰""络"和"绕"均与纺织有关。现今，我们使用的学科术语、日常词汇中有许多纺织类的字或词。

如今的纺织原料及其加工技术是世界人民共同积累的财富。大约在公元前4000年埃及已经可以生产各种亚麻织物。公元前3000年左右，南亚次大陆地区的居民就已经使用棉织物了。[②] 公元前2700多年，亚洲地区东部、南部的居民开始使用丝、苎麻。

桑、棉、麻的育种、栽培促进了人类对遗传生物学的探究。纺织物组织的变化，加深了人类对排列、组合等规律的理解。纺织品整理是人类最早开发的化学加工领域之一。纺织工具是人类最早创造出来的生产工具之一。2000年前，手摇纺车已具备了手摇曲柄、绳轮、锭子等，这些都是许多现代机器或机构的先驱。

---

① 赵丰，尚刚，龙博. 中国古代物质文化史. 纺织[M]. 北京：开明出版社，2014：14.
② 周启澄. 纺织科技史导论[M]. 上海：东华大学出版社，2002：1-2.

在全球纺织业中，中国纺织业的生产规模最大、产业链最全，占据了重要地位，中国是全球最大的纺织品出口国。[①] 纺织业不仅是我国重要的支柱产业，也是非常具有国际竞争力的产业。中华人民共和国工业和信息化部发布的2020年服装行业运行情况显示，2020年规模以上服装企业制造服装达223.7亿件，实现营业收入13697.3亿元。2020年，我国服装及衣着附件出口1373.8亿美元。[②]

1.3 早期纺织文化

1.3.1 纺织起源

中国纺织历史悠久。纺织品对中国古代文明乃至世界文明具有重要意义。关于纺织的起源，有许多传说，柔美的纺织品不仅装饰了人们的物质生活，也丰富了人们的文化生活。

关于养蚕创始人是谁的问题，我国流传着"嫘祖""码头娘""蚕女""青衣神"等说法，其中获得较为普遍的认可的是"嫘祖"。南宋罗泌《路史·后纪》中记载："（黄帝）元妃西陵氏曰嫘祖，以其始蚕，故又祀先蚕"。古代皇家每年都会举办亲蚕仪式，皇后亲手摘桑叶，以祭祀西陵氏嫘

---

① 中国全球第一纺织出口国地位十年内难被撼动[J]. 纺织科技发展，2017（2）：24.
② 中华人民共和国工业信息化部. 2020年服装行业运行情况[Z/OL].（2021-02-04）[2022-12-19]. https://www.miit.gov.cn/jgsj/xfpgys/fz/art/2021/art_37f274b5959142809c1c5973fc86d5e6.html.

祖，祈求蚕茧丰收。

北京房山周口店龙骨山出土了旧石器时代的带孔骨针、石锥，其距今约1.8万年。这表明那时人们已经开始利用孔骨针、石锥在兽皮上开孔，并用兽皮制作简单的皮衣。骨针是缝纫针的前身，石锥则是现今织机引纬器的前身。

据查，我国最早的纺织品为葛、罗、绢及丝线。江苏唯亭镇的草鞋山遗址出土了葛布，该布料为罗纹组织（经纱密度为每厘米十根，纬纱地部密度为每厘米十三四根罗纹部分大约每厘米二十六到二十八根），其制作工艺十分精巧。[①] 河南荥阳青台遗址出土了距今约5500年的丝绸碎片。[②] 经鉴定，丝线属于桑蚕丝，丝带为"人"字形的斜编组织，这表明当时的黄河流域已出现了简单的蚕桑丝手工业。

1.3.2　纺织原料

在原始社会，人类就已开始进行简单的纺织生产了，人们采集自然界的纤维，搓编以用于制作服饰。天然的植物纤维、动物纤维是最早的纺织原料。从石器时代开始，丝、毛、棉、麻已被人们用于纺织。

新石器晚期，中国已开始人工种植麻。据记载，商周时期，中国的麻种植、沤麻技术已成熟。

古时毛、丝的纺织品较为高档，多为达官贵人所用，棉、麻的纺织品则多为平民所用。《礼记》记载："治其麻丝，以为布帛，以养生送死，以事鬼神上帝。"随着纺织技术的进步及生产能力的提升，丝绸逐渐进入富贵人家。蚕丝吸湿性好，丝织物柔软、华贵，至今蚕丝仍为高档纺织原料。

此外，《诗经·豳风·七月》中记载："无衣无褐，何以卒岁。"在古

---

① 自然科学史研究所. 中国古代科技成就[M]. 北京：中国青年出版社，1978：659.

② 程庸，若隐. 中国元素[M]. 上海：东方出版中心，2009：89.

代"褐"指用粗麻或粗毛制成的粗布衣。

在元代以前，布衣多为麻布衣服，元后期棉布流行，并成为大众日常服用面料。棉及棉织物在我国南方多被称为"吉贝"，而在北方则被称为"白叠"。元初，设立木棉提举司，征收棉布为赋税。至明代，官方劝导平民植棉，广征棉花和棉织物。明代的《天工开物》中记载："棉布寸土皆有""织机十室必有"。

1.3.3　早期纺织机具

春秋战国时期，丝织物多用缫丝车、纺丝车、斜织机等机具进行加工。宋朝时期，中国已出现了多锭水力纺车（纺麻用）、花楼提花机，这说明当时手工作坊纺织的技艺已很成熟。弓弦振荡弹花、砝码平衡张力（自控多锭纺纱车）、花本控制提经次序（人工花楼织机）等都是中国古代纺织机具发展水平的代表。

最先出现的纺织机器是原始腰机，这种织机用人代替机架。织工席地而坐，用双脚蹬充当经轴的一根横木，另一根充当卷布轴的横木则用腰带缚在织工的腰上，以控制经丝的张力。织布时织工用手将综框提起，并用分经棍把经丝分成上下两层，形成自然开口，进行投纬、引纬，然后用木质打纬刀进行打纬。

据《列女传》记载："夫幅者，所以正曲枉也，不可不强，故幅可以为将。画者，所以均不均，服不服也，故画可以为正。物者，所以治芜与莫也，故物可以为都大夫。持交而不失，出入而不绝者，梱也。梱可以为大行人也。推而往，引而来者，综也。综可以为关内之师。主多少之数者，构也。构可以为内史。服重任，行远道，正直而固者，轴也。轴可以为相。舒而无穷者，楠也，楠可以为三公"。有学者认为文中提及的"幅""画""物""构""梱""综""轴""楠"依次为织机的幅撑、筘、棕刷、分经木、开口杆、综杆、卷布轴、经轴。据学者考证，此织机为双轴织机。南宋梁楷的《蚕织图》就绘制了此类织机。

1.3.4　丝绸品

自古以来，丝绸织物就是极为名贵的纺织品，受到世界各国的青睐。在古代，各国皇室及贵族多以穿着丝制品作为高贵的象征。丝绸也是古代东方文明的象征。西汉的张骞出使西域促进了中原与西域的贸易发展。明朝的郑和率船队远航西太平洋、印度洋，加深了中国与印度、东南亚、中东、非洲和欧洲等地的交流与贸易。而丝绸则是这些贸易中重要商品之一。绸、绢、锦、纱、绫、缎、缂丝等是中国较为典型的丝绸制品。

（1）绸

绸指采用基本组织或变化组织织制的质地紧密的丝织品，如双宫绸、锦绸。双宫绸是用双宫丝织成的平纹丝织物。锦绸是以桑蚕丝为原料织成的平纹织物。

（2）绢

绢指采用基本组织织制的质地紧密的丝织品。绢类制品手感柔软，质地坚韧，富有弹性，如塔夫绸。塔夫绸是用平纹组织织制的绢类丝织物。

（3）锦

锦是一种有彩色花纹的丝织品，如云锦和蜀锦（见图1-1）。锦按其提花方式分为两种：经锦和纬锦。经线显花的锦是经锦。公元3世纪，中国西域开始仿制平纹经锦，但其将织物上机方向转了90度，使经线和纬线对换，制得了纬锦。云气纹样和动物纹样的组合是经锦中最具特色的一种图案。

（a）云锦　　　　　　　　　　　（b）蜀锦

图1-1　锦

（4）纱

纱指可漏沙的织物，非常轻透。早期以平纹纱最为常见。湖南马王堆汉墓出土的"素纱单衣"，薄如蝉翼，其组织结构为平纹交织，透空率为75%左右。这类纱所用纱线的纤度较小，说明了汉代蚕丝品质较高，并且缫丝、织造技术已相当高超。

香云纱是由薯莨染色的丝织物，被誉为"纺织界的极品"。北宋沈括在《梦溪笔谈》中记载："赭魁（即薯莨）……有汁赤如赭，南人以染皮制靴。"至今，佛山市顺德区仍保存着完整的香云纱染整技艺。以薯莨液浸染丝织物，涂覆塘泥封存，再经多道日晒等工序才能完成香云纱染整。香云纱染整工艺流程见图1-2。香云纱正面色泽乌黑发亮，反面呈咖啡色或原底彩色，并具有莨斑和泥斑痕迹。香云纱织物质地细密、软滑，轻薄不易起皱，透气性强，遇水快干，不沾皮肤，具有除菌、驱虫、保健作用。

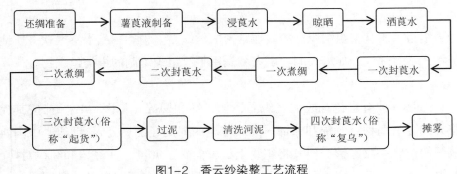

图1-2　香云纱染整工艺流程

（5）绫

《西京杂记》记载："霍光妻遗淳于衍蒲桃锦二十四匹，散花绫二十五匹。"绫是丝织品中出现较晚的品种。绫是斜纹素色丝织物，可用于制作薄型织物。

（6）缎

缎纹组织是现今基础的机织物组织之一。据文献记载，宋代称缎纹织物为"注丝"。江苏无锡的钱裕墓出土了暗花缎实物，暗花缎指在织物表面以正反缎纹互为花地组织的单层提花织物。它因缎组织单位相同但光亮面相异而显花纹，所以也被称为正反缎。

（7）缂丝

缂织技术是中国纺织技术的代表之一。中国匠人最初用羊毛进行缂织，后用蚕丝缂织。缂丝的图案是一丝一丝织造而成的，如图1-3所示。缂丝制品以装有丝线的小梭子，按图案分区、分色织造，花纹轮廓清晰，有"承空视之，如雕镂之象"的说法。缂丝制品的制作工艺极为繁复，织造前需完成牵经、刷经面、开经面等多道工序，且对中间环节要求极高，稍有差错即为次品。

图1-3　缂丝制品

1.4　纺织生产的发展历程

1.4.1　纺织技术发展历程

数千年来，纺织技术经过不断的积累与改进，获得了巨大的发展。人类的纺织技术经历了两次质的飞跃：

（1）手工机器（纺车、织机等）的应用。半手工半机械的加工行当形成。

（2）纺机罗拉、织机飞梭的应用。大工业化生产形成。

18世纪中叶，资本主义生产方式已在西欧盛行。英国爆发工业革命。蒸汽动力驱动机械，替代人工操作，推动了纺织业的大工业化生产的发展。随着纺织大工业化的发展，更多的纺织机械应运而生，推动了纺织科学与工程技术的发展。纺织产业化进程不断推进，纺织工业由最初的蒸汽动力驱动逐步向自动化，再到智能化、信息化发展。纺织工业化进程分为四个时段，见表1-1。

表1-1　纺织工业化进程

时段	名称	特点	典型机型
1760 — 1850年	机械化	以蒸汽为动力的机械生产普遍取代手工生产	珍妮纺机
1850 — 1970年	电气化	大量机械、电气生产线生成，电力、电气设备得以广泛应用	环锭细纱机
1970年 — 至今	自动化	信息技术兴起，电子计算机自动化生产得以广泛应用	自动化细纱机
未来	数字化	信息系统、人工智能与认知计算协同，生产流程自动化，人机智能协作等技术得以广泛应用	智能化生产线

1.4.2　中国纺织业发展历程

自中华人民共和国成立以来，其纺织业的发展历经了3个阶段。

（1）初生阶段

20世纪50—70年代，中国建成了较为齐全的纺织工业体系（如化学纤维制造体系、纺织机械设备制造体系等），奠定了其纺织业后续发展的基础。

（2）成长阶段

20世纪70年代末，中国开始实行改革开放政策，这促进了纺织业的发展。典型的外向型纺织工业体系形成。

20世纪90年代，中国纺织业向产业集群化、市场化方向快速发展，民营纺织企业及自主纺织品品牌得到发展。

（3）变革与转型阶段

2001年，中国加入WTO，此后，中国逐步引进新技术、新装备，实现了纺织业发展模式的变革。2008年以来，受世界金融危机影响，中国纺织业经过转型升级后，开始稳步前行。

未来，中国纺织业需理顺其与科技、生态、消费的关系，开启以"科技、时尚、绿色"为主题的新纪元。①

1.5　纺织行业现状

1.5.1　纺织行业转变

（1）高速增长向高质量发展转变

中国纺织业已经具有较为完备的基础设施与产业配套体系，在产业链上协同、产业间协作方面有良好基础与较大发展空间，可以较好地发挥创新的

---

① 孙瑞哲. 纺织服装产业可持续融合发展——区域合作应对全球挑战[J]. 纺织导报，2019（5）：25-32.

叠加效应、聚合效应与倍增效应。产业生产正在发生质变，见表1-2。

表1-2　纺织工业转变[1]

类别	2000年	2015年后
32^{S}棉纱生产率	5.6 吨/人年	27 吨/人年
棉纺万锭用工数	250 人/万锭	60 人/万锭
棉纺无梭织机占比	7.69%	68.64%

（2）生产力体系正经历着全面升级

随着操作复杂度上升，劳动力需求正由数量向质量转变。中国劳动力成本上升的背后是劳动力质量的提升。纺织业技术装备不断升级，开始向数字化、网络化、智能化方向发展。以移动互联、物联网、云计算、人工智能、虚拟现实为代表的信息技术已经渗透到与纺织业相关的设计、研发、生产、营销、服务等环节，纺织业生产力体系正经历着全面升级。

1.5.2　纺织业面临的挑战

（1）消费形式升级

当前，中国居民消费正向追求品质、品位的方向转变，消费者更关注服务体验，个性化需求也逐渐增多。纺织品消费需求也开始由以"物美价廉"为代表的生活消费需求向以"品质卓越"和"体验丰富"为代表的品质消费需求和体验消费需求过渡。

中华人民共和国中央人民政府网站公布的数据显示：2020年，全国居民人均衣着消费支出1238元，占人均消费比重的5.8%。中国纺织服装服饰市场仍有相当大的发展空间。

---

① 孙瑞哲. 中国纺织工业的创新发展与供应链重构[J]. 纺织导报，2017（7）：24-36，40-41.

（2）供需结构不平衡

纺织业的供需结构仍存在诸多不平衡。产品同质化较严重，部分地域或分支行业存在结构性产能过剩、规模大而供给弱、制造能力强而创新能力弱的问题。

（3）区域之间发展不平衡、不协调

中国纺织业存在区域之间发展不平衡、不协调的问题。2016年，中纺联认定的纺织产业集群点中，约84%的集群点在东部地区，约11%的集群点在中部地区，西部地区不足5%。[①] 但在相关国家政策的引导下，纺织产业正由东部向中西部有序转移，区域发展差距有所缩小。

（4）创新应用不充分

在科技创新领域，研发投入持续加大。但纺织业的创新含金量仍较低，在核心技术、关键技术和前沿技术方面仍处于劣势。纺织业科技成果转化率低，创新成果应用不充分。[②]

思考题

1. 谈谈你所认识的纺织。
2. 请列举出一件纺织品文物，并介绍该文物。
3. 请简述世界纺织发展历程。
4. 请简述香云纱的加工流程。
5. 你对我国纺织产业有哪些方面的了解？

---

① 孙瑞哲. 新时代下行业发展面临的历史性变化[J]. 纺织导报，2018（1）：22.

② 孙瑞哲. 新时代　新平衡　新发展——建成世界纺织强国的战略与路径[J]. 纺织导报，2018（1）：15−16，18−28.

第2章　纺织纤维及加工

　　纤维是纺织材料的基本单元。一般而言直径在几微米到几十微米之间，长径比大于1000∶1的柔软细长物质称为纤维。纺织纤维需具备一定的长度、细度等物理性能，有一定的耐热、耐光、耐化学作用的稳定性能，以及具有无毒无害、环境友好等优良特性，以满足加工工艺和产品使用的需求。自古以来，棉、毛、丝、麻就是典型的纺织纤维原料。近代，涤纶、黏胶等化学纤维逐步发展壮大，并占据纤维使用量的较大份额。纺织纤维种类繁多，分类方法也有很多，一般按来源可以分为天然纤维和化学纤维，具体如图2-1所示。[①]

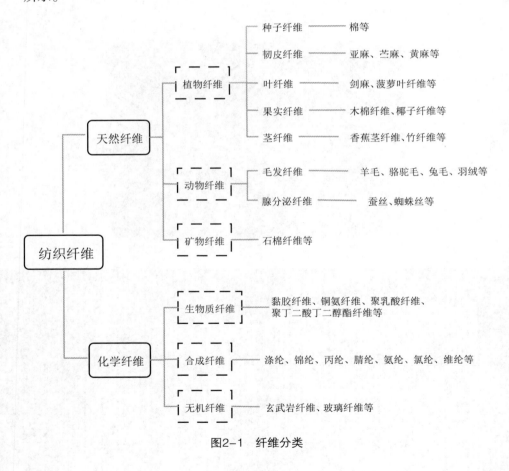

图2-1　纤维分类

① 蔡再生. 染整概论 [M]. 北京：中国纺织出版社有限公司，2020：1.

2.1 常见的天然纤维及其加工流程

天然纤维是指从自然界里的植物、动物和岩石中直接获取的纤维，可以分为植物纤维、动物纤维和矿物纤维三大类，常见的天然纤维有棉纤维、麻纤维、丝纤维、毛纤维。

2.1.1 棉纤维

棉又称棉花，人类使用棉的历史十分悠久。目前为止发现的最早的含棉纺织物来自于7000年前，也就是说，早在公元前5000年左右，人类就已开始把棉纤维作为纺织原料了。[1] 现在，棉纤维是世界上最主要的纺织原料之一。

棉纤维是由胚珠的表皮细胞凸起、加厚而成的种子纤维，成熟棉纤维附着在棉籽上。棉纤维的主要成分为纤维素（纤维素为高分子化合物），其含量约为94%。棉纤维细长柔软、可纺性好，棉纤维纺织物光泽柔和、吸湿透气、耐碱。棉纤维是非常优良的纺织原料，其纺织品深受广大消费者喜爱。

---

[1] 王铭，李岸锦，孙立，等. 棉花历史漫谈 [J]. 山东纺织经济，2017（5）：42-43.

棉纤维的初加工主要包括棉花采摘、绒（棉纤维）籽分离两个环节。从棉株上采摘的棉花带有棉籽，称为籽棉。将棉纤维从棉籽上剥离下来，即得皮棉（或原棉）。籽棉加工成皮棉的过程，称为轧花（或轧棉）。轧花后，棉籽上仍残留有短纤维，棉籽上的短纤维经机械剥离后可获得棉短纤维，即为棉短绒。棉短绒、棉籽均属于棉花加工的副产品。棉花加工的一般流程见图2-2。

图2-2　棉花加工的一般流程

（1）棉花采摘

棉花采摘的时机主要取决于棉花的成熟度，棉花的成熟期受棉花的品种和种植地气候、环境的影响。棉花的采摘方式分为机械采摘和人工采摘。传统的采摘方式以人工为主，人工采摘可以更好地区分棉花的品种和品质。但人工采摘费用较高，正逐渐被机械采摘取代。中国最大的棉花种植基地在新疆，新疆的棉花采摘以机械采摘为主。

（2）清花

清花即籽棉的预处理，新采摘的籽棉中含有大量杂质，且其水分含量不一致，不符合轧花的工艺要求。经过清花工序可去除籽棉中的部分杂质和水分，避免在后序加工中引发机械故障，影响皮棉质量。

（3）轧花

轧花是棉纤维加工中最主要的工序，即利用锯齿轧棉机或皮辊轧棉机进行机械式棉籽分离。锯齿轧棉机加工制得的皮棉被称为锯齿棉，皮辊轧棉机加工制得的皮棉被称为皮辊棉。

（4）皮棉清理

轧棉机轧出的皮棉中含有较多的杂质，需经机械清理或气流清理清除杂质。机械清理易损伤棉纤维，但清杂效果好。轧花厂依据产品品种及质量选择使用机械式皮棉清理机或气流式皮棉清理机，或二者均使用。

（5）打包

打包就是将皮棉压制成包状，标明级别、种类、规格等，以便于入库存储、运输。

2.1.2 麻纤维

麻是人类最早用来制作衣着的原料之一。麻纤维是从麻类植物的茎、叶等部位提取的纺用纤维的统称，其主要成分是纤维素，并含有一定比例的半纤维素、木质素和果胶质等成分。麻纤维主要分为韧皮纤维和叶纤维。韧皮纤维又称茎纤维或软质纤维，是由双子叶植物的茎部韧皮脱胶而制成的单纤维或束纤维，如苎麻纤维、亚麻纤维、黄麻纤维和罗布麻纤维等。叶纤维又称硬质纤维，是由草本单子叶植物的叶片或叶鞘经脱胶制成的纤维，如剑麻纤维、蕉麻纤维和菠萝麻纤维等。[①]

去除植物茎或叶等部位的胶质，获得纤维的过程称为"脱胶"。常用的脱胶方法包括天然沤麻和人工脱胶。前者方便，但质量难把控；后者高效且质量可控，但污染较大。

天然沤麻的流程是将麻浸入沤麻池中，使其吸水、膨胀，然后由果胶酶（厌氧性细菌繁殖分泌果胶酶）分解果胶，使纤维束以单纤维或束纤维的形式分离开来。

人工脱胶是利用化学试剂、生物酶或超声波等载体，去除麻中的胶质，使纤维间分离的脱胶方式。人工脱胶分为化学脱胶、生物脱胶、物理脱胶。

以亚麻纤维为例，主要加工流程见图2-3。

脱胶 → 干燥 → 碎茎 → 打麻 → 分级 → 打包

图2-3 亚麻纤维主要加工流程

---

① 夏志林. 纺织天地 [M]. 济南：山东科学技术出版社，2013：8-9.

（1）脱胶

用化学试剂浸渍亚麻干茎，去除亚麻干茎内纤维周围的全部或部分胶质，使干茎内纤维分离、松散。

（2）干燥

用自然干燥或干燥机干燥的方法使松散的亚麻干茎干燥。

（3）碎茎

松散干燥的亚麻干茎经碎茎机将木质及其他纤维组织揉碎。

（4）打麻

揉碎的亚麻干茎再经打麻机制成亚麻纤维，这一过程又称为"打成麻"。

（5）分级

依据亚麻纤维的色泽、长度、细度等对亚麻进行分级。

（6）打包

将各级亚麻纤维压缩打包。

2.1.3 丝纤维

结茧（蚕茧见图2-4）时，蚕的腺体分泌出的丝液凝固成的连续长丝，被称为丝纤维（也称蚕丝、天然丝）。丝纤维属于腺分泌纤维，是人类最早使用的动物纤维之一。按蚕的养殖环境，蚕可分为家蚕和野蚕，故丝有家蚕丝和野蚕丝之分。家蚕丝被称为桑蚕丝；野蚕丝以柞蚕丝为主，也有蓖麻蚕丝、柳蚕丝等。

图2-4　蚕茧

蚕丝有较好的强伸度和吸湿性，细而软，富有弹性。蚕丝制品薄如纱、华如锦，富有光泽，具有独特的"丝鸣"感，手感爽滑、穿着舒适。

丝从蚕茧上分离下来，可得生丝。蚕丝的加工流程见图2-5。蚕茧经杀蚕蛹等工序处理，保证了生丝的可加工性。

茧由内至外分为三层，外层的丝细脆、凌乱，内层的丝偏粗且混乱。茧的中层是茧的主体，是缫丝的原料。茧的外层丝和内层丝都不可缫丝，但可作为绢纺（短纤纺纱）的原料。

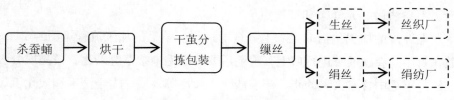

图2-5　蚕丝的加工流程

（1）杀蚕蛹

用化学试剂杀死蚕茧中的蚕蛹。

（2）烘干

杀蚕蛹后，需对蚕茧进行干燥处理，以增强茧层在煮茧时的抵抗能力，保持其良好的解舒状态。

（3）干茧分拣包装

挑出干茧中有疵点的茧，然后进行包装。

（4）缫丝

干茧经煮熟处理，再把煮熟的茧的绪丝理出，制成松散的茧丝。把几根茧丝并合，胶着在一起，可制成一条生丝。

（5）生丝、绢丝

多根煮熟的茧丝抽取、合并成的生丝可送入丝织厂继续加工。

疵茧、废丝经处理后制成的茧丝长短不一，经机械切断后可制成绢丝。绢丝可送入绢纺厂继续加工。

2.1.4　毛纤维

毛指动物身上披被的毛发，由其制成的纤维称为毛纤维。毛纤维主要组成物质为蛋白质，因此又被称为天然蛋白质纤维，它是重要的纺织原料。毛纤维种类繁多，一般以"动物名+毛或绒"形式命名，如绵羊毛、兔毛、山羊绒、牦牛绒等。除绵羊毛外，其他均被称为特种动物纤维。人们常说的羊毛主要指绵羊毛，绵羊毛织物具有弹性好、保暖性好、吸湿性强、不易沾污、光泽柔和等优点。

毛纤维的加工包括取毛和毛处理的过程。羊毛的加工流程见图2-6。一般在每年的春秋两季进行剪毛，剪毛后要挑出毛中杂草等杂物，按品质分级堆放。羊毛中含有大量的脂、汗、沙土、杂草等杂质，需经洗毛和炭化工序进行去除，以保证纺纱、染色等工序的顺利进行。

图2-6 羊毛的加工流程

（1）剪毛

采用人工的方式或借用机械的方式，从羊的身上剪取羊毛。

（2）分拣

挑出羊毛中的杂物、杂毛。

（3）分级打包

按羊毛的平均细度、粗腔毛率等进行分级、打包，送至毛纺厂。

（4）洗毛

羊毛经清洗剂清洗，去除羊脂、羊汗及沙土等杂质。

（5）炭化

洗净的羊毛要经硫酸处理，使羊毛中的杂草等在酸作用下被腐蚀、焦化，然后在机械作用下使焦化杂质从毛中脱落分离。

（6）打包

洁净的羊毛打包，即为成品毛。

2.2　常规化学纤维及其加工流程

　　化学纤维是以天然的或合成的高分子化合物为原料，经化学方法和物理加工制得的纤维。[①] 化学纤维可分为生物质纤维、合成纤维和无机纤维三大类。19世纪末，化学纤维开始工业化生产。20世纪40年代后，化学纤维的品种和数量迅速增加。

2.2.1　化学纤维分类

　　（1）生物质纤维

　　黏胶纤维是最典型的生物质纤维。黏胶纤维是以含有纤维素的物质为原料，经过溶解、纺丝制备的化学纤维。按结构与性能差异，黏胶纤维可分为普通黏胶纤维、高湿模量黏胶纤维、强力黏胶纤维及改性黏胶纤维。黏胶纤维纺织物吸湿性好，耐碱不耐酸（较棉差），染色性能好，断裂强度比棉小，湿强度小于干强度，不耐水洗，尺寸稳定性差。

　　（2）合成纤维

　　涤纶、锦纶、腈纶、丙纶、维纶和氯纶是常见的合成纤维，俗称"六大纶"。各国合成纤维的商品名略有差异。以聚对苯二甲酸乙二酯纤维为例，中国的商品名为涤纶，英国的商品名为特丽纶，美国的商品名为达可纶。

　　常规合成纤维见表2-1。

----

① 宗亚宁，张海霞.纺织材料学 [M]. 上海：东华大学出版社，2019：41.

表2-1　常规合成纤维[①]

类别	化学名称	英文缩写	中国商品名
聚酯类纤维	聚对苯二甲酸乙二酯纤维	PET	涤纶
聚酰胺类纤维	聚酰胺6纤维	PA6	锦纶6
	聚酰胺66纤维	PA66	锦纶66
聚丙烯腈纤维	聚丙烯腈纤维	PAN	腈纶
聚烯烃类纤维	聚丙烯纤维	PP	丙纶
聚乙烯醇纤维	聚乙烯醇缩甲醛纤维	PVA	维纶
含氯纤维	聚氯乙烯纤维	PVC	氯纶

（3）无机纤维

无机纤维来源于矿物质，其包括玻璃纤维、硼纤维等。[②] 玻璃纤维被广泛用于制作隔热材料，硼纤维被用于制作火箭外壳。

2.2.2　化学纤维加工流程

化学纤维的加工流程各不相同，但大多数化学纤维的加工流程可概括为四个工序，见图2-7。

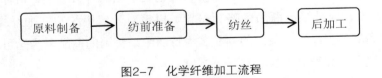

图2-7　化学纤维加工流程

---

① 蔡再生.染整概论 [M].北京：中国纺织出版社有限公司，2020：35.

② 李大鹏.纺织材料与检测 [M].天津：天津大学出版社，2013：51.

（1）原料制备

化学纤维的原料分为天然高分子化合物、合成类高分子化合物、无机化合物三类。黏胶纤维的原料为木质浆粕等浆粕，而浆粕主成分为纤维素，所以黏胶纤维原料属天然高分子化合物；丙纶的原料是等规聚丙烯，等规聚丙烯是经化学合成的高分子化合物；玻璃纤维原料来源于矿物，为无机化合物。在原料制备过程中，按原料种类差异，其制备方法也不同。

（2）纺前准备

化学纤维品种繁多，其原料的物理、化学性质各不相同，相应的纺前准备也各不相同。纺前准备分为纺丝熔体制备和纺丝溶液制备。依据原料的熔点和热分解温度确定纺前准备类型。如果原料熔点低于其热分解温度，纺前应制备纺丝熔体；反之，如果原料熔点高于其热分解温度，则纺前应制备纺丝溶液。常见化学纤维原料的热分解温度及熔点见表2-2。

表2-2　常见化学纤维原料的热分解温度及熔点[①]

单位：℃

原料	热分解温度	熔点	原料	热分解温度	熔点
聚乙烯	350~400	138	聚乙烯醇	200~220	225~230
等规聚丙烯	350~380	176	聚己内酰胺	300~350	215
聚丙烯腈	200~250	320	聚对苯二甲酸乙二酯	300~350	265
聚氯乙烯	150~200	170~220			

原料经加热（加热温度为熔点与热分解温度之间）熔化为纺丝熔体，或经溶剂溶解为纺丝溶液。纺丝熔体的纺前准备以聚酯纤维为例，按使用原料状态不同，聚酯纤维纺丝熔体的纺前准备可分为切片纺丝和直接纺丝两类。切片纺丝的流程依次为聚酯合成、聚酯切片、切片干燥、聚酯熔融；直接纺丝的流程依次为聚酯合成、聚酯熔融。纺丝溶液的纺前准备以聚氯乙烯为例，依次为聚氯乙烯制备、捏合（溶胀）、溶解、过滤、调温。

[①] 姜春华，侯玉双.高分子科学导论 [M].哈尔滨：哈尔滨工业大学出版社，2019：109.

（3）纺丝

纺丝是化学纤维生产的核心工序。在纺丝泵压力下，纺丝熔体或纺丝溶液经喷丝孔均匀、定量挤出，挤出的纺丝细流在空气、水或特定凝固浴中固化成初生纤维，此过程为纺丝。纺丝的方法分类见图2-8。熔体纺丝和溶液纺丝是最主要的纺丝方法。

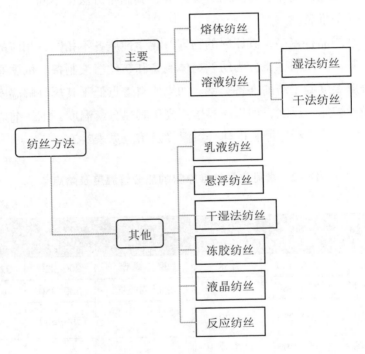

图2-8　纺丝的方法分类

根据凝固机理不同，溶液纺丝可分为湿法纺丝和干法纺丝。湿法纺丝的凝固介质是凝固浴，凝固机理是双扩散；干法纺丝的凝固介质是热空气，凝固机理是溶剂挥发。多数化学纤维采用熔体纺丝法和溶液纺丝法，仅有少部分化学纤维采用其他方法，如氨纶采用反应纺丝法。

（4）后加工

经过纺丝工序后制得的初生纤维结构还不稳定，其物理性能和机械性能较差，仍不具备使用价值，必须经过一系列的后加工，以改善其性能，使之适于纺织加工。后加工环节一般包括拉伸、热定型、上油、卷曲、络筒。部分化学纤维的后加工环节是其独有的，如维纶后加工时需进行缩醛化，以提高维纶的耐热水性。

2.3 新型纤维

随着社会发展、科学技术的进步和环保意识的不断增强，人们已从单纯地追求外观、审美向追求舒适性、功能性转变。传统的纤维已不能满足人们的需求。因此，新型纤维应运而生，以满足在服用、装饰用及产业用领域人们对纤维的要求。纺织纤维品种已不局限于常规纤维，很多新型天然纤维和化学纤维问世。新型天然纤维包括彩棉、彩色蚕丝、彩色羊毛等；新型化学纤维包括天丝、大豆蛋白纤维、牛奶蛋白纤维、高吸湿聚丙烯腈纤维、芳纶和碳纤维（见图2-9）等。

（a）芳纶

（b）碳纤维

图2-9 芳纶和碳纤维

2.3.1　新型天然纤维

为了改善纤维原料的抗灾、抗病虫害能力及纤维的性能与品质，借助育种工程，培育新型转基因纤维原料，如抗病虫害及抗旱的高产转基因棉、转基因彩色棉、转基因羊（其羊毛高产、超细）、转基因彩色蚕。为获得新功能、新品质，人们正不断开发各类新型纤维，如丝瓜纤维、棕榈纤维等。

2.3.2　新型化学纤维

新型化学纤维包括新型生物质纤维、新型合成纤维和新型无机纤维。

（1）新型生物质纤维

以纤维素类天然高分子为原材料，制备的生物质纤维已规模化生产。竹浆、甲壳素、植物蛋白、角蛋白等材料是新型生物质纤维产业化开发的重点。

①竹纤维。竹纤维是从竹子中提取纤维素，纺制成的纤维，其加工原理与黏胶纤维类似。竹纤维强度大，韧性高，可纺性好。竹纤维织物耐磨性、吸湿性和透气性好，具有抗菌、防臭等特殊功能，可用于制作内衣、袜子等。

②大豆蛋白纤维。大豆蛋白纤维的原料为大豆粕，它的加工流程为：通过化学、生物等方法提取大豆粕中的球状蛋白质，将球状蛋白质与高聚物接枝、共聚、共混，再经湿法纺丝制成大豆蛋白纤维。大豆蛋白纤维生产过程无污染，且大豆蛋白纤维是一种易生物降解的再生纤维。

③牛奶蛋白纤维。牛奶浓缩去水、脱脂，提取牛奶中的蛋白质，再与丙烯腈共聚物共混、接枝，经纺丝制成牛奶蛋白纤维。牛奶蛋白纤维织物吸汗且干得快，有护肤、润肤功效，可用于制作内衣。

（2）新型合成纤维

常规合成纤维无论在产量上，还是在品种上都占据优势地位，但大多数常规合成纤维都存在不足之处，如涤纶染色性差、易起静电、易起球等。为克服常规合成纤维的不足，需要对其进行改性整理，即制成新型合成纤维。

①聚对苯二甲酸丙二酯纤维（PTT纤维）。PTT纤维是一种新型聚酯纤维，其生产工艺与涤纶相似。与涤纶织物相比，PTT纤维织物回弹性好，尺寸稳定性好，染色性和抗污性好，适用于地毯等装饰用纺织品的制作。

②高吸湿聚丙烯腈纤维。常规聚丙烯腈纤维吸湿性、抗静电性差。通过将其与亲水性聚合物共混、复合，或采用改变其纤维截面形态等方法，可将聚丙烯腈纤维改性为高吸湿聚丙烯腈纤维。高吸湿聚丙烯腈纤维织物可用于内衣、童装、睡衣、毛巾、床上用品等的制作。

③芳纶。芳纶是芳香族聚酰胺纤维，芳香族聚酰胺分子由酰胺基连接两个芳环形成。聚对苯二甲酰对苯二胺纤维（芳纶1414）是强度高、收缩率低、耐高温的纤维的典型代表。它具有良好的抗疲劳性、耐磨性、电绝缘性等，可用于汽车帘子线、降落伞等的制作。聚间苯二甲酰间苯二胺纤维（芳纶1313）具有优良的电绝缘性和耐辐射、耐化学药品性，可用于耐高温的消防服及耐热衬布等的制作。

（3）新型无机纤维

新型无机纤维指经化学或物理方法加工制得的新型无机纤维，如碳纤维等。

碳纤维一般指在1000~2300 ℃ 内炭化聚合物纤维而制备的纤维。2300 ℃以上炭化制备的纤维，称为石墨碳纤维。碳纤维具有模量高、强度大、导电性能优异、热稳定性和化学稳定性良好的优点，但它的抗冲击性能较差。碳纤维作为复合材料的增强体，其质地轻，强度高，耐腐蚀，耐高温，耐辐射，可用于航空航天、军事、交通运输、体育器材等领域。

2.4 纤维性能指标

纤维的物理性能包括吸湿性、力学性能、热学性能、光学性能、电学性能等。纤维的化学性能包括耐酸性、耐碱性、耐氧化性等，这些性能与纤维成分有关。纤维的性能影响着纤维的可加工性和使用性。常见纺织纤维的性能指标包括纤维长度、纤维细度、纤维形态等。

2.4.1 纤维长度

一般天然纤维的长短不一，化学纤维长度较为规整。通常，长绒棉纤维长度为33~45 mm，苎麻纤维长度为60~250 mm，山羊绒长度为35~45 mm。纤维的长度是衡量纺织原料性能的重要指标。同等条件下，纤维较长，可纺得细纱，反之只能纺较粗的纱。

2.4.2 纤维细度

纤维细度与纺纱工艺、成纱质量密切相关。纤维细，成纱细且均匀度较好，织物柔软。纤维细度指标有直接和间接两种。直接指标是指纤维的直径、截面积，适用于圆形或近圆形横截面的纤维，如羊毛、圆截面的化纤。间接指标由纤维单位质量或单位长度确定，即单位长度纤维的质量（定长制）或单位质量纤维的长度（定重制）来表达。

纤度：在公定回潮率下9000 m长纤维的质量，单位为旦尼尔，简称旦（den）。

线密度：在公定回潮率下1000 m 长纤维的质量，单位为特克斯，简称特（tex）。

公制支数：在公定回潮率下1 g 纤维的长度，单位为公支（Nm）。

2.4.3　纤维形态

纤维卷曲来源于羊毛的形态，见图2-10（a）；纤维转曲则源于棉纤维的形态，见图2-10（b）。纤维的卷曲和转曲会影响到纤维之间的抱合性。

（a）羊毛卷曲　　　　　　　　　　　（b）棉纤维转曲

图2-10　羊毛卷曲与棉纤维转曲

2.4.4　纤维吸湿性及回潮率

纤维材料从气态环境中吸着水分的性能为吸湿性。天然纤维和再生纤维有良好的吸湿性，而合成纤维的吸湿性较差。纤维的含水量用回潮率表示。回潮率是纤维含水的质量与干燥纤维质量的百分比。回潮率分为标准平衡回潮率和公定回潮率，业内公认后者。常见纤维的公定回潮率见表2-3。

表2-3　常见纤维的公定回潮率[①]

单位：%

种类	公定回潮率	种类	公定回潮率
棉花	8.5	黏胶纤维	13.0
羊毛	15.0	涤纶	0.4
蚕丝	11.0	腈纶	2.0
苎麻	12.0	锦纶	4.5

2.4.5　纤维力学性能

　　纤维及其制品在纺织加工和日常使用中会受到各种外力作用。在力学性能方面，纤维的拉伸性能最为重要。纤维受外力直接拉伸到断裂时所需要的力为拉伸断裂强力。纤维拉断时所产生的伸长值与原长的百分比为断裂伸长率。断裂伸长率可以客观地反映纤维的变形能力。

　　为了比较不同粗细的纤维的强度，需用单位面积的拉伸断裂强力，即用相对强度来表示纤维强度的大小。也可以用断裂长度来表示，即将纤维悬空挂起，纤维自身的重力刚好使其断裂时的长度。

2.4.6　纤维的热学、光学和电学性能

　　纤维的热学性能包括热传递性能、耐热性、阻燃性等，常用指标为比热容和导热系数等。纤维的光学性能包括纤维对光的反射、吸收和透射的性能

---

① 王草辉.服装材料学 [M].北京：中国纺织出版社有限公司，2020：15.

以及纤维在日光照射下保持其原有色泽的性能等。纤维的电学性能主要包括纤维的导电性与抗静电性。

2.5　智能纤维

智能纤维指能感知外界环境（光、温度、电磁等方面）的变化或刺激，并在感知后纤维的长度、形状、温度、颜色和渗透速率等方面随之发生变化的纤维。智能纤维既具有智能材料的特性，又具有纤维的特性。常见的智能纤维有形状记忆纤维、智能凝胶纤维、变色纤维、蓄热调温纤维等，可应用于信息娱乐、运动健身、医疗保健、工业军事等领域。[①]

2.5.1　电致变色纤维

东华大学王宏志教授团队首次实现了超长电致变色纤维的连续化制备。以金属纤维作为工作电极，在其表面涂覆ITO层、电致变色活性层，再通过挤出的方法，将两对电极平行包裹在电致变色活性层表面并形成聚合物保护层，从而可得到平行双对电极结构的电致变色纤维（见图2–11）。

---

① 闫承花.化学纤维生产工艺学 [M]. 上海：东华大学出版社，2018：2.

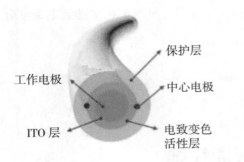

图2-11　电致变色纤维[1]

　　该纤维具有良好的电化学稳定性和环境稳定性（如机械稳定性、水洗稳定性、光照稳定性和热稳定性）。循环300次后，纤维变色效果不变。同时，王宏志教授团队制备的电致变色纤维在100次弯折、100次水洗、20小时光照和30小时加热后仍具有较好的变色效果。该电致变色纤维可编织成智能变色织物。在电压为0伏时，织物为灰色；当电压为-1.5伏时，织物为蓝色。电致变色织物可变色，因此在可穿戴显示和自适应伪装等领域具有广阔的应用前景。

2.5.2　可视化与数字化协同智能交互纤维

　　东华大学研究团队开发了一种可视化与数字化协同的智能交互纤维。他们利用费马螺旋纺丝技术、熔体纺丝技术，制备了具有内置螺旋皮芯结构的智能交互纤维。智能交互纤维的芯为P（VDF-TrFE）纳米纤维，皮为热塑性材料（SEBS）和机械发光材料（ML）。这种纤维具有优异的弹性和耐久性，可量产，可编织，可洗涤，有望应用于智能服装领域。研究人员已成功

① FAN H W, LI K R, LIU X L, et al. Continuously processed, long electrochromic fibers with multi-environmental stability [J]. ACS Applied materials & interfaces，2020，12（25）：28451-28460.

将其用于智能交互手套的开发，实现了手势识别、AR交互、机械操控等功能。该课题组还将其集成于潜水服上，在不需要携带额外电源的情况下监测潜水员的姿态和运动。[①]

2.5.3　蜘蛛丝纤维

蜘蛛丝为蜘蛛结网用的丝，是蜘蛛所产生的大壶状腺丝，其由MaSp1、MaSp2蛋白组成，MaSp2蛋白含有脯氨酸环，使蛛丝遇水易发生反应，即脯氨酸环的氢键会被破坏（非对称形式），使蜘蛛丝扭转。蜘蛛丝力学性能极佳，被称为"生物钢"。大壶状腺丝具有超强的收缩能力，其可收缩一半以上。受蜘蛛丝启发，科研人员设计了强有力的人造肌肉（新型纤维扭转驱动器）。

思考题

1. 你认识哪些纺织纤维？请介绍其性能。
2. 人类可以从哪些物质中获取纺织纤维？
3. 简述化学纤维的纺丝方法。

① YANG W F，GONG W，GU W，et al. Self-powered interactive fiber electronics with visual-digital synergies[J].Advanced Materials, 2021，33（45）：2104681.

第3章　纺纱技术

纺纱是将原本散乱无序的纤维沿纤维纵向进行有序排列的过程。在这个过程中，需要先把纤维原料中原有的局部横向联系彻底解除（松解），并牢固建立首尾衔接的纵向联系（结合）。在目前的技术水平下，松解和结合还不能一次完成，要分为开松、梳理、牵伸和加捻四步进行，如图3-1所示。

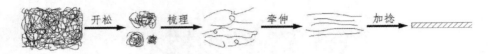

图3-1　纺纱的基本流程

开松是把纤维团扯散成小束的过程，该过程将纤维横向联系的规模缩小，使纤维结合体由大块（团）变为小块（束），为后续进一步将纤维结合体松解到单纤维状态提供保证。梳理是用梳理机机件上包覆的密集梳针对纤维进行梳理，把纤维小块进一步分解成单纤维的过程。此时各根纤维间的横向联系基本被解除，但纤维大多呈屈曲弯钩状，各纤维间因相互勾结而仍具有一定的横向联系。牵伸的目的是将梳理后的纤维集合体进一步抽长拉细，使其中的屈曲弯钩状纤维不断伸直，摆脱弯钩状态。加捻就是利用回转运动将牵伸后的纤维加以扭转，使得纤维间的纵向联系固定起来，以获得一定强度的过程。[①]

3.1　环锭纺纱技术

环锭纺纱技术是目前应用最广、产量规模最大的一种纺纱技术。环锭纺

① 郁崇文. 纺纱学 [M]. 北京：中国纺织出版社，2009：1.

纱基本原理：经牵伸后的条子（粗纱）从牵伸罗拉的钳口引出，经导纱钩，穿过钢领（钢领固定在钢领板上）上活套的钢丝圈，卷绕到筒管（筒管套在锭子上）上。锭子带动筒管高速回转，钢丝圈在钢领的环形轨道上回转。钢丝圈每一个回转使纱条加上一个捻回的捻度，由于钢丝圈的速度落后于筒管的回转速度，因而牵伸罗拉连续输出的纱条能卷绕到筒管上。钢领板带动钢领和钢丝圈做级差升降运动，引导纱线逐层绕在筒管上，形成规整卷装的细纱。环锭纺纱基本原理如图3-2所示。

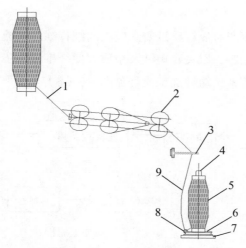

1—粗纱 2—牵伸罗拉 3—导纱钩 4—锭子 5—筒管 6—钢领 7—钢领板 8—钢丝圈 9—细纱

图3-2 环锭纺纱基本原理

为了获得高品质、高产量、多品种的纱线，环锭纺纱技术也在不断发展。例如在环锭细纱机基础上引入复合纺纱技术，使制得的纱线品种得以丰富；在细纱机牵伸装置上加设负压装置，缩小前罗拉至加捻点的加捻三角区，减少纱线的毛羽数量；在前罗拉和导纱钩之间加装一个假捻装置，降低纱线捻度，使纱线手感更加柔软；使用高速锭子和小直径钢领，降低能耗，提升环锭纺纱机的转速。

3.1.1 棉纺纱工艺系统

棉纺纱常用的原料为棉纤维、棉型化学纤维。根据原料的性能及产品的要求，棉纺纱工艺系统分为普梳系统和精梳系统两种。

（1）普梳系统

在棉纺纱工艺系统中，普梳系统应用广泛，可用来纺粗特纱。普梳系统纺纱加工流程见图3-3（a）。

（2）精梳系统

精梳系统用来生产对成纱质量要求较高的细特纱。精梳系统在普梳系统基础上增设了精梳工序，以去除短绒及杂质，使纤维进一步伸直平行，提升所纺细纱质量。精梳系统纺纱加工流程见图3-3（b）。

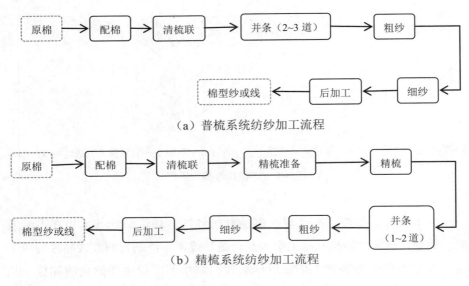

（a）普梳系统纺纱加工流程

（b）精梳系统纺纱加工流程

图3-3　棉纺纱工艺流程

3.1.2 纺纱主要工序简介

（1）原棉

原棉是由籽棉经轧花厂脱籽加工获得的棉纤维，也称皮棉。棉纺厂从棉花平台购入成包原棉，用于纺纱加工。

（2）配棉

从经济与品质的角度，棉纺厂需对来自不同地域的、不同类别的、不同品种的原棉进行混合配比，以纺制出性能优良的纱线。配棉是决定纱线质量的关键环节。

（3）清梳联

清梳联工序是将短纤维（如棉短纤维、黏胶短纤维等）加工成纱线的第一道工序，该工序由抓棉机、开松机、混合机、梳理机等完成，主要对原料进行开松、除杂、混合、梳理等。该工序全过程为，将块状纤维开松成小块或小束，去除纤维中的大部分杂质，按配比将原料充分混合，再由梳齿（针）将纤维梳理成棉网，并收集成生条。

（4）精梳

精梳工序可进一步梳理纤维，去掉部分短纤维和杂质等，并提高纤维须条（条子）的整齐度和纤维伸直平行度，制得精梳棉条。

（5）并条

在普梳系统中，梳棉机制成的生条重量不匀，生条内纤维排列较乱，大部分纤维呈屈曲弯钩状态。为获得优质棉条，需经并条机并条。并条是将6~8根生条随机并合、牵伸，以改善生条结构、片段均匀度、纤维伸直平行度，降低质量不匀率（一般降到1%以下）的工序。该工序制成的半成品为熟条。

（6）粗纱

粗纱工序的主要环节如下。

牵伸：对熟条加以牵伸，将熟条抽长拉细，以进一步改善纤维的伸直平行度与分离度。

加捻：将牵伸后的熟条加以扭转，使粗纱具有一定强度，以承受粗纱卷绕时的张力，防止意外拉断。

卷绕成形：将加捻后的粗纱卷绕在筒管上，制成一定形状、一定大小的卷，以便于贮存和搬运，并适应细纱机的喂入。

（7）细纱

细纱工序的目的是将粗纱纺制成具有一定线密度、符合国家质量标准和客户需求的细纱，该工序由细纱机完成。细纱工序的主要环节如下。

牵伸：将喂入的粗纱均匀地抽长拉细到所要求的状态。

加捻：将牵伸后的粗纱加以扭转，使其具有一定强度、弹性、光泽和手感等。

卷绕成形：把纺成的细纱按一定的成形要求卷绕在筒管上，以便于运输、储存和后续加工。

（8）后加工

细纱工序后，为满足客户的不同要求，并改善产品的外观和性能，所纺制的细纱还需经一定的后加工，如络筒、并纱、捻线、烧毛、摇纱、成包等。

（9）棉型纱或线

经后加工处理后，即得棉纺厂成品——棉型纱或线。

3.2　新型纺纱技术

为了提升纱线生产效率和改变纱线品质，新型纺纱技术应运而生，如转杯纺纱、摩擦纺纱、喷气纺纱、自捻纺纱、花式纺纱。

3.2.1 转杯纺纱

（1）起源

1965年，原捷克斯洛伐克棉纺研究所研制出了第一台转杯纺纱机[1]，转杯纺纱逐步发展成为主流纺纱技术。转杯纺纱又称气流纺纱，是在高速回转的纺纱杯内利用气流将纤维凝聚加捻成纱的一种新型纺纱技术。转杯纺纱属于自由端纺纱，纱条的一端由引纱罗拉握持，另一端随加捻器以同方向、同转速绕握持点回转，从而完成加捻。

（2）原理

转杯纺纱机的核心为纺纱器。纺纱器的部件为转杯、喂给罗拉、分梳辊、引纱罗拉等。条子从喂给罗拉喂入，经必要的预整理和压缩过后密度一致，进入分梳辊。分梳辊将条子分梳成单纤维状态。被分梳成单纤维状态的纤维依靠分梳辊的离心作用和转杯内的负压气流吸力而脱离分梳辊进入纤维输送通道，经牵伸后进入转杯。转杯由两个中空的截头圆锥组成，两锥体交界处形成一个凝聚纤维的凹槽。纤维在转杯高速回转的离心作用下从杯壁斜面滑向凹槽，并形成凝聚须条。凝聚须条在引纱罗拉的握持和转杯高速回转的共同作用下被捻成纱（见图3-4）。

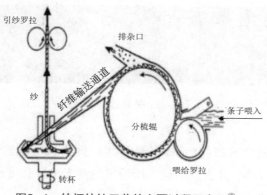

图3-4 转杯纺纱工艺的主要过程示意图[2]

---

① 王善元，于修业. 新型纺织纱线[M]. 上海：东华大学出版社，2007：61.

② 王建坤，张淑洁. 新型纺纱技术[M]. 北京：中国纺织出版社有限公司，2019：133.

（3）纺纱工艺流程

采用转杯纺纱这种新型纺纱技术可将条子直接纺成细纱，这缩短了工艺流程。转杯纺纱的加工流程见图3-5。转杯纺纱的加工流程中，除细纱工序外，其他各工序与环锭纺纱一致。

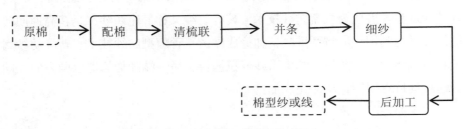

图3-5　转杯纺纱的工艺流程

（4）纱线结构及特点

转杯纱因纺制过程中纤维须条的分离和输送未经过罗拉牵伸，进入凝聚槽的纤维形态各异，所以其外层有缠绕纤维，见图3-6。转杯纱捻度比同等环锭纱捻度高，捻度从外层向内层逐渐加大。转杯纺纱机对原料的适应性较强，可加工纤维短、整齐度差、含杂质多的原料。

图3-6　转杯纱的外观图

转杯纺纱适合纺25~38 mm长的纤维。因为长度在这个范围内的纤维，有利于分梳、转移、并合及加捻，所纺出的纱光洁，强度高，此外还可避免排掉部分短纤维。

（5）转杯包芯纱

在转杯纺纱机的基础上，捷克斯洛伐克工程师研发出了转杯包芯纱机。转杯包芯纱机将长丝从导丝管经转杯底部（轴中心）的空心孔引入杯内，与原杯内的短纤维纱条结合加捻，形成短纤维纱条包缠长丝的转杯包芯纱。

3.2.2 摩擦纺纱

（1）起源

摩擦纺纱是由奥地利费勒尔博士提出的一种新型纺纱技术。摩擦纺纱机利用空气动力在滚筒上凝聚纤维须，再利用回转滚筒的摩擦作用搓动纤维须纺纱。1974年，费勒尔公司推出了第一款摩擦纺纱机。起初，摩擦纺纱机仅限于纺特粗线密度纱，产品适用范围有限。

（2）原理

开松后的单纤维由气流快速输送到一个带有吸气孔的网状滚筒表面，滚筒运动方向与成纱输出方向垂直。被吸附凝聚的网状纤维与网状滚筒表面接触，纤维网绕自身轴线被搓动成纱。

DREF-2摩擦纺纱机可纺制摩擦纺单纱，DREF-3摩擦纺纱机（见图3-7）可纺制摩擦纺包芯纱。

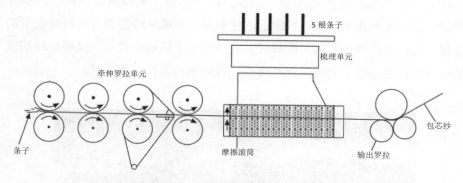

图3-7 DREF-3摩擦纺纱原理

（3）纺纱工艺流程

摩擦纺纱可将条子直接纺成细纱，无须中间工序。

摩擦纺可纺制棉型粗线密度纱和长纤维纱。纺制棉型粗线密度纱的工艺流程见图3-8（a），纺制长纤维纱的工艺流程见图3-8（b）。

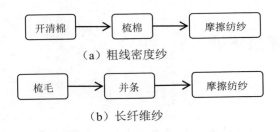

（a）粗线密度纱

（b）长纤维纱

图3-8 摩擦纺纱工艺流程

摩擦纺纱机可实现棉条牵伸→分梳辊分梳→吹风管剥离→尘笼吸附并摩擦加捻→卷绕成筒的流程。

（4）纱线结构及性能

纤维进入摩擦纺纱机的凝聚区时，凝聚在纱尾的纤维紊乱，易使纤维形成弯钩、折皱和屈曲。因此，摩擦纱中的纤维排列形态比较紊乱，呈圆锥形螺旋线及圆柱形螺旋线排列的纤维比转杯纱还要少，仅占全部纤维的3%~4%（转杯纱占16%~20%）；弯钩、对折等不规则纤维约占50%。摩擦纱（见图3-9）的成纱强度远低于环锭纱。纤维垂直于成纱输出方向，沿尘笼凝聚区逐渐添加并捻入锥形纱尾上，使摩擦纱形成从纱芯到外层逐层包覆的分层结构。摩擦纱条干均匀度较好，成纱粗节、棉结也较少。摩擦纺纱纺成的纱线的捻度由纱芯向外层逐渐降低，表面丰满蓬松，弹性好。

图3-9 摩擦纱外观

（5）纱线应用

摩擦纺纱可纺各种纱线，如花色纱、包芯纱、复合纱等，所纺制纱线可应用于装饰类织物、工业布、服装用织物等（如粗呢绒、针织用纱）。

3.2.3　喷气纺纱

（1）起源

1981年，日本某公司研制并推出了No.801MJS双喷嘴喷气纺纱机。[1] 自1985年以后，几乎历届国际纺机展上都有该公司的喷气纺纱机。

喷气纺纱是一种新型非自由端纺纱技术。喷气纺纱利用旋转气流来推动须条回转，从而使须条加捻成纱。喷气纺纱机的加捻器由两组固定的喷嘴组成，这种纺纱机不是依靠高速回转的机件加捻成纱，而是依靠喷嘴气流使纱线假捻、退捻，再包缠成纱。

喷气纺纱技术正向超大牵伸、多重成纱结构（包缠、包芯等）、高速化、自动化、工序一体化、网络化及绿色加工的方向发展。

（2）原理

喷气纺纱机结构见图3-10。条子喂入牵伸单元，由前罗拉输出的须条依次进入两个加捻喷嘴，经加捻喷嘴加捻成纱。再由引纱罗拉引出，经清纱器等，最后卷绕在纱筒上。喷气纺加捻机构由两组加捻喷嘴（第一喷嘴和第二喷嘴）串接组成，两组喷嘴喷射的气流方向不一致，须条先后经两股不同方向的气流合成作用而被纺成真捻纱线。

① 王善元，于修业. 新型纺织纱线[M]. 上海：东华大学出版社，2007：106.

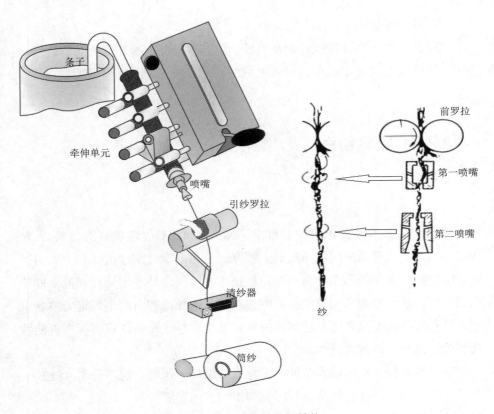

条子

牵伸单元

喷嘴

引纱罗拉

清纱器

筒纱

前罗拉

第一喷嘴

第二喷嘴

纱

图3-10   喷气纺纱机结构

（3）纺纱工艺流程

涤棉精梳混纺工艺流程见图3-11。

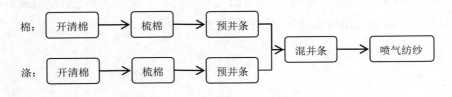

棉： 开清棉 → 梳棉 → 预并条

涤： 开清棉 → 梳棉 → 预并条

混并条 → 喷气纺纱

图3-11   涤棉精梳混纺工艺流程

（4）纱线特点

喷气纱外观如图3-12所示。喷气纱为三层结构：纱芯主体基本呈平行状态，占纱线的80%~90%；纱芯的外层纤维捻向为Z向，纤维呈包扎状态；最外层为包缠层，其纤维包缠时施加向心压力于纱芯上，使纱线具有能承受更大外力的作用。

喷气纺纱单产为环锭纺纱单产的8~12倍，适合纺涤棉、棉纤维及长度为51 mm以下的化纤，但所纺纯棉单强偏低，可纺58.4~7.3 tex的纱线。喷气纺纱形态似气流纺纱纺成的纱线，手感硬，毛羽好，其织物耐磨性、透气性、染色性等均比环锭纱织物好。喷气纱常用于股线、磨绒织物等。

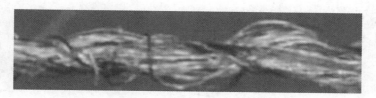

图3-12　喷气纱外观

3.2.4　自捻纺纱

（1）起源

20世纪70年代初，澳大利亚首先将自捻纺纱技术应用于工业生产。

两根平行排列的须条，将其两端握持，中间按相同方向用力搓捻后，则在加捻点的两边分别施加大小相等、方向相反的假捻。这两根施加假捻的须条紧贴在一起，释放加捻点，两根假捻的须条由退捻力矩作用而回转，形成具有正反向捻度的双股纱。自捻作用使两根须条捻合成双股纱，见图3-13。

图3-13　自捻纱外观模型

（2）原理

在实际生产中，两根粗纱由筒管退绕下来，经牵伸单元牵伸成更细的、低捻度的须条。由牵伸单元的前罗拉输出两根须条，一端由牵伸单元的一对前罗拉握持，另一端由卷绕装置和压辊握持。在两个握持点中间设置一对往复回转的搓动罗拉（皮辊）搓动两须条，两须条穿过搓动点即退捻合股成双股纱（见图3-14）。

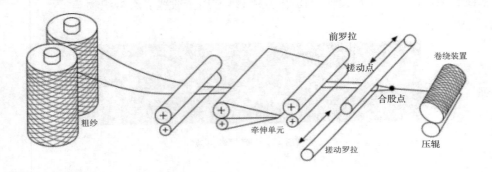

图3-14　自捻纺纱机结构

（3）纺纱工艺流程

自捻纺纱工艺流程见图3-15。

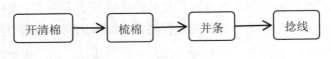

图3-15　自捻纺纱工艺流程

（4）纱线特点及应用

自捻纱均为双股或多股纱线，适用于织造股线织物（如针织外衣）。自捻纱产品成本低，毛型感强。混纺、拉毛、起绒和色织等方法可掩盖自捻纱的缺陷，如纺制全涤派力司、仿毛花呢、法兰绒、丝毛呢等。

3.2.5　花式纺纱

（1）起源及分类

20世纪30年代，人们开始用手摇并线机生产结子线；50年代，出现了色纺纱和花式纱；70年代以后，空心锭技术装备的应用，推动了花式捻线机的技术变革，使得花式纱品种更加多样。花式纱是采用特殊纺纱工艺及设备纺制的非常规、多变、有特殊结构或外观形貌的纱线。花式纱一般由芯纱、饰纱、固纱组成。芯纱为主干纱；饰纱包缠或包覆在芯纱上起装饰效果；固纱包缠在饰纱上，起固定饰纱的作用。按加工方式可对花式纱进行分类，见图3-16。

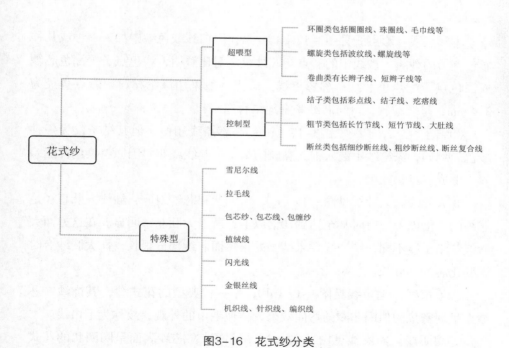

图3-16　花式纱分类

（2）常见花式纱线

常见花式纱线见图3-17。

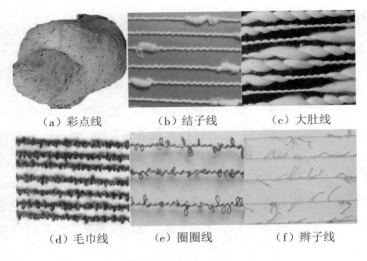

（a）彩点线　　　　（b）结子线　　　　（c）大肚线

（d）毛巾线　　　　（e）圈圈线　　　　（f）辫子线

图3-17　花式纱

①彩点线。彩点线见图3-17（a），是在原白纱或色纱中加入一种或几种彩色点子的纱线。纱线中的彩点与芯纱色泽对比鲜明，浅色点子配深色芯纱或深色点子配浅色芯纱，称彩点线。彩点一般采用涤纶材料，彩点直径为3~4 mm，呈颗粒状，可与芯纱紧密地结合在一起。

②结子线。结子线见图3-17（b），与彩点线相似，但其结子仅为一种颜色。例如，涤纶纱中混入棉、黏胶的结子，其线或布料因原料染色性能差异，形成点点状效果。

③大肚线。大肚线见图3-17（c），由大肚和芯纱组成，纱线大肚直径是芯纱的 5 倍以上，有时甚至达到10倍以上，所以大肚非常明显。在这方面大肚线与结子线不同，结子线要求结子处很短而芯纱部分很长，而大肚纱有时大肚比芯纱部分长。

④毛巾线。毛巾线见图3-17（d），是一种典型的花式纱，其饰纱在芯纱上呈现密集的似圈非圈的弯曲效果，类似毛巾的外观，故称为毛巾线。

⑤圈圈线。圈圈线见图3-17（e），是饰纱在芯纱表面呈圈圈状的花式纱线。

⑥辫子线。辫子线见图3-17（f），其饰纱因超喂而形成不规则的辫状扭结，类似于小辫子依附在芯纱上。

（3）花式纱线的应用

在机织物中，为发挥花式纱线的独特效果，需考虑原料配比、花式设计、终端用途等多方面因素。花式纱线的应用方法如下：

①基于花式纱线与其他纱线规格、外观的差异，使织物获得凹凸、条、格、点等外观效果。

②基于花式纱色彩的丰富多变，使织物获得色彩变换丰富且具有立体感的效果。

③基于花式纱线特点，可设计经纬密变化多样、织物组织变化多样、多染整工艺组合的新型织物。

3.3　智能纺纱

随着信息技术、智能制造技术的发展，纺纱的智能化升级改造也在不断推进，如出现了新型粗细络联、自动接头、筒纱智能包装等。

3.3.1　粗细络联

粗细络联将粗纱机、细纱机和自动络筒机连接为整体系统，在粗纱、细纱、络筒工序实现空满管在线监控，并实现自动控制、存储和运输。各环节的空满管可自动进行空满交换、有序运输、智能识别工位状态，实现粗纱、细纱、络筒三环节智能化运行。粗纱管（空/满）通过吊挂输送系统与粗纱机、细纱机连接，完成粗纱空满管运输与交换过程。细纱管（空/满）的输送采用托盘运输的方式，从细纱机上自动落下的细纱管，插在运输托盘上，再由托盘携带细纱管至络筒机络纱工位。

3.3.2 自动接头

自动接头一直是纺纱技术研发的重点。瑞士某公司推出了一款适用于环锭细纱机的全自动接头机械手。将其安装在环锭细纱机上以后，当监测到单锭纱线断头时，全自动接头机械手移动至对应的纺纱工位，并完成寻纱、穿钢丝圈、引纱等作业，实现自动接头。该机的问世，意味着繁复的、高强度的手工接头操作将退出纺纱流程。

3.3.3 筒纱智能包装

目前，筒纱智能包装系统已具备自动化取筒、自动化堆栈与拆垛、智能外观检验、感应称重与分拣、自动化成包与打包、自动贴标或刷码等功能。该智能包装系统由吊挂线、工业机械手装卸平台、自动（链/带式）运输轨道、智能识别系统、机械自动平台、工业传输网络等组成，可实现全程智能化筒纱包装。

思考题

1. 在纺纱原理方面，环锭纺纱与喷气纺纱有何差异？
2. 你穿过应用花式纱线制成的衣服吗？制作这件衣服时用到花式纱线的目的是什么？

第4章 织造技术

纺织物按形态可分为一维产品（线或带）、二维产品（平面织物）、三维产品（3D立体织物）。纺织物按生产形式分为机织物、针织物、非织造织物、编织物、3D织物。本章将简述机织技术、针织技术、非织造技术、编织技术、3D织造技术以及信息化织造技术。

4.1　机织技术

4.1.1　概述

早在新石器时代，我们祖先就已开始使用麻等植物韧皮织制的织物了。我国出土的商周时期的甲骨文，记载了早期织物的织造过程。织布机的雏形是两根木棒，两根木棒之间平行排列的麻纤维或蚕丝等，即为经纱。经纱绷紧后，按一定规律穿入纬纱，打紧即得机织物。西汉时，河北陈宝光妻使用了120综、120蹑的多综多蹑机为大将军霍光织散花绫二十五匹。宋代的《耕织图》记载了大型拉花机，在这台拉花机上地经和花经分开，可织出复杂的大花纹织物。1785年，英国人卡特赖特发明了第一台动力织机；1895年，美国人研制了自动换纡织机。[①] 20世纪，电器技术应用，织机不断升级，这也推进了机织物的品种、织造效率的升级变革。

织机按一定规律织造的经纬向垂直交织的织物，为机织物。在织机上，

---

① 中国大百科全书出版社编辑部，中国大百科全书总编辑委员会《纺织》编辑委员会. 中国大百科全书：纺织 [M]. 北京：中国大百科全书出版社，1998：389–390.

沿机台纵向排列的纱线为经纱，沿机台横向排列的纱线为纬纱。经纱和纬纱按一定织物组织规律浮沉并相互交错，即为交织。机织物质地硬挺（如卡其、华达呢等），不易钩丝，不易起毛，耐磨性好，但弹性和延伸性差，易撕裂，易折皱。

4.1.2　机织原理

机织物形成过程：织轴上的经纱绕过后梁，经绞杆或停经片后，分层形成梭口，纬纱由引纬器夹持，穿过梭口，进入梭道，分层的经纱由综框控制闭合并交替位置，进入编织的纬纱在钢筘的击打作用下被推紧至织口，形成经纱和纬纱规律交织的织物。在织物形成过程中，织轴不断退绕送纱，卷取轴不断卷取织物，完成织造周期。织机模型示意图如图4-1所示。

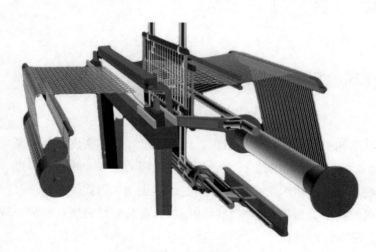

图4-1　织机模型

一般织机有以下部件：

（1）织轴：装在织机的后部，用于卷装经纱。织造所需的几千甚至几万根经纱均匀平行排列并逐层绕在织轴上。

（2）综框：用于提升或降低各组经纱。每一片综框上都有棕丝，每一根棕丝上有一个棕眼，一根经纱穿过一个棕眼。

（3）梭子：用来携带纬纱在梭道中穿行。

（4）钢筘：用于打纬，确定织物的密度。

（5）卷布轴：用以确保织造过程连续运行，卷取织成的布料。

一般织机由开口、引纬、打纬、卷取和送经等机构组成，各机构相互配合完成织造，各机构作用如下所示。

（1）开口机构：依据织物组织结构规律，控制综框升降，实现经纱分层以形成梭道。

（2）引纬机构：引纬机构通过机械或物理作用使引纬器或引纬介质赋能，引纬器或引纬介质再携带纬纱进入梭道。

（3）打纬机构：打纬机构装有筘板，机械驱使筘板击打纬纱进入织口。

（4）卷取机构：控制布轴转动，将织好的布料带离织口，卷成规定卷装。

（5）送经机构：按织造速度或织物结构送入一定量的经纱，并保持经纱张力恒定。

4.1.3　织物结构表征

织物结构表征包括：织物组织，经纱密度和纬纱密度，经向紧度和纬向紧度，经纱和纬纱的粗细、捻度、捻向，织物的匹长、幅宽、厚度、质量。

织物组织是指机织物经纱和纬纱交织的规律和形式。

在机织物上，每隔10厘米经纱的根数，称为经纱密度；每隔10厘米纬纱的根数，称为纬纱密度。

经（或纬）向紧度是经（或纬）纱直径与相邻两根经（或纬）纱间距离的比值，以百分数来表示。它的数值等于纱线的直径与密度的乘积再乘1%。总紧度则等于经向紧度与纬向紧度之和减去二者之积。例如：某织物经纱密度和纬纱密度均为每10厘米200根，纱线直径均为0.4毫米，则其经向紧度和纬向紧度均为$200 \times 0.4 \times 1\% = 80\%$，其总紧度则为$80\% + 80\% - 80\% \times 80\% = 96\%$。

经纱和纬纱的捻度和捻向与织物的手感、光泽等服用性能相关。捻度大，织物手感发硬；捻度小，织物手感柔软，表面光泽好。

织物的匹长根据用途、厚度、卷装大小及品种而定（见图4-2）。一般情况下，棉、麻织物的匹长为27~40米，毛织物的正长为60~70米，丝织物的匹长25~30米。

 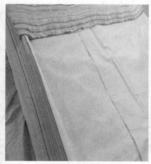 

图4-2　坯布

织物的幅宽决定于所用的织机。我国棉型织物中幅为74~91厘米，宽幅为112~167.5厘米，丝织物幅宽为70~91厘米。

织物厚度与织物坚牢度、保暖性、透气性、防风性、刚度等相关。

织物每平方米的质量是对其考核的重要指标，织物的质量大小同时也和织物的服用性能密切相关。

4.1.4　织机类型

织机按引纬方式分为有梭织机和无梭织机两种。有梭织机用梭子引纬，无梭织机是以空气或水的射流引纬，或以一种体积小、重量轻的引纬器代替梭子引纬。具体来说无梭织机用压缩空气、高压水流、片状夹持器、剑杆引纬，所以相应的织机称为喷气织机、喷水织机、片梭织机、剑杆织机。

（1）喷气织机

喷气织机通过高压空气引纬，其工作过程见图4-3。喷气引纬是用喷嘴的喷射气流引纬，气流摩擦牵引纬纱进入织口。按所使用的喷嘴数和控制气流的方式，喷气织机的引纬方式可分为单喷嘴引纬、管道片气流引纬和多喷嘴接力引纬。

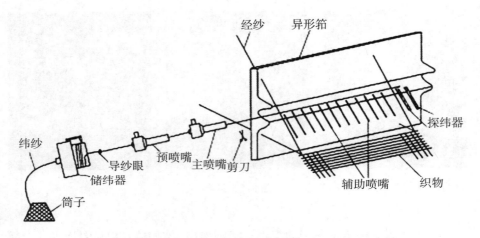

图4-3　喷气织机引纬[①]

（2）喷水织机

喷水织机与喷气织机类似，但它通过高压水流引纬。

（3）片梭织机

片梭织机是通过片梭引纬，其工作过程见图4-4。图4-4中，纬纱2由筒子1退下，经导纱器3、制动器4、导纱器5、张力调节杆6、导纱器7，进入递纬器8。其中导纱器3、5、7用于引导纬纱2；制动器4用于控制纬纱2，完成送纱与制动；张力调节杆6用于调节纬纱张力。片梭11由输送链13从机台右端输送至机台左端的引纬位置，片梭11靠近递纬器8；递纬器8打开，纬纱2送出，片梭11的钳口夹持纬纱2；击梭器12击打片梭11；片梭11携带纬纱2穿

① 胡吉永. 纺织结构成形学. 2：多维成形 [M]. 上海：东华大学出版社，2016：126.

过织物梭口17。片梭11由梭口17的左端飞行至右端，并由制梭器14制动，片梭11的钳口释放纬纱2。剪刀10剪断纬纱2的左端，钩边针15锁边。两端的边纱钳9夹持纬纱2的两端，并重复上述步骤。片梭是体积很小的无纤梭子。片梭织机的特点：片梭体积小，质量轻，引纬速度高；开口小，打纬动程小，积极引纬，交接可靠；采用共轭凸轮打纬机构，筘座分离，可最大限度延长引纬时间，有利于阔幅织造；纬纱张力可调节，布面质量好。

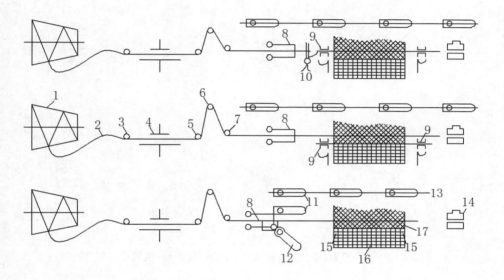

1—筒子；2—纬纱；3,5,7—导纱器；4—制动器；6—张力调节杆；8—递纬器；9—边纱钳；10—剪刀；11—片梭；12—击梭器；13—输送链；14—制梭器；15—钩边针；16—布料；17—梭口。

图4-4 片梭引纬

（4）剑杆织机

剑杆织机通过柔性剑带引纬，剑杆引纬时纬纱挂在剑头上，被送到梭口，另一侧由接纬剑勾住引出梭口，每次可引入单纬或双纬。这种引纬方式易于实现，剑杆引纬结构简单，见图4-5。现剑杆织机入纬率可达每分钟1000米。

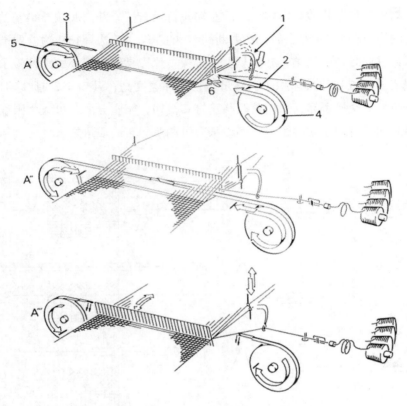

1—纱嘴；2—送纱剑头；3—接纱剑头；4—送剑轮；5—接剑轮；6—剪刀。

图4-5　剑杆引纬

4.1.5　机织物组织

织机控制的经纱系统和纬纱系统按一定规律运行，两系统的经纱和纬纱交织形成具有一定组织规律的织物，这种机织物的组织规律称为织物组织。基本织物组织包括平纹组织、斜纹组织、缎纹组织。这三种织物组织被称为三原组织，基于它们可变化出各种各样的复杂花纹，见图4-6。

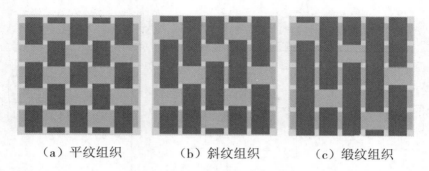

（a）平纹组织　　　　（b）斜纹组织　　　　（c）缎纹组织

图4-6　机织物三原组织

（1）平纹组织

平纹组织经纱和纬纱均每隔一根纱线交织一次。平纹组织织物经线和纬线交织次数多，耐磨性、透气性较佳，但织物性能还要视纱线性质、经纱密度和纬纱密度而定。

（2）斜纹组织

斜纹组织织物表面有一定角度的斜向纹路。该斜向纹路既可为经组织点连续构成的经浮长线（即经面斜纹），也可为纬组织点连续构成的纬浮长线（即纬面斜纹）。

（3）缎纹组织

缎纹组织是经纱、纬纱每隔三根以上交织一次的织物组织。缎纹组织织物更厚，密度也更高，其比斜纹组织织物的制造成本高。斜纹组织及缎纹组织会增加织物密度，但由于交织点比平纹组织少，织物往往比平纹组织织物更柔软。

4.1.6　机织工艺流程

常规机织工艺流程见图4-7。

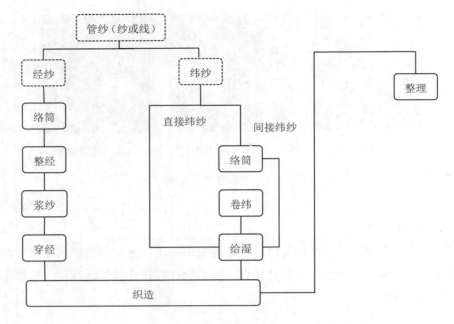

图4-7 机织工艺流程

（1）管纱（经纱、纬纱）

管纱是指筒管卷装的纱线，用作经向织造的筒管纱为经纱，用作纬向织造的筒管纱为纬纱。

（2）络筒

将多组小卷装的管纱导成大卷装的筒纱，并清除纱线上某些疵点、杂质等的过程，称为络筒。在络筒环节，为了提高纱线质量，可使用清纱器清除纱线上的疵点或杂质。络筒原理见图4-8。

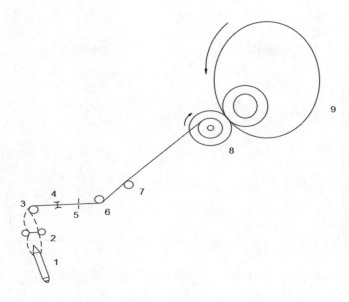

1—管纱；2—气圈破裂器；3—导纱器；4—张力装置；5—清纱器；6—导纱杆
7—断纱自停探杆；8—槽筒；9—筒子。

图4-8 络筒原理

（3）整经

整经指将一定根数的经纱同时从筒子中引出，以均匀的张力平行排列地绕在一定宽度的经轴上的过程。此过程实现了成批筒子单纱向单片片纱的转变。常见的整经方法为分批整经和分条整经。

分批整经也称为轴经整经（见图4-9），即将全幅织物所需要的所有经纱分成几批，按批分别将经纱绕在分经轴上。每个分经轴上的经纱数应尽量相等，卷绕长度应是经轴长度的整数倍。分经轴在整经机上卷绕完成后，需把几个分经轴的经纱在并轴机上一起倒卷至经轴上。分批整经的整经速度快，整经的片纱张力均匀，因此分批整经适用于大批量单色织物的织造。

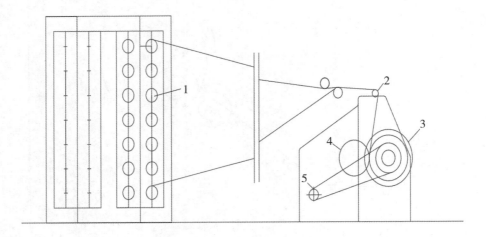

1— 筒子；2— 导纱辊；3— 整经轴；4— 压辊；5— 变频电机。

图4-9　分批整经机结构

分条整经是将全幅宽织物所需的经纱，依据配色分成一定条数的条带，并按幅宽逐条卷绕至整经滚筒，再全部倒卷至织轴。该整经方式多用于提花织物的生产。

（4）浆纱

经纱上浆是在浆纱机上完成的，上浆过后上浆纱会被绕在织轴上。浆纱环节，需合并多个经轴的经纱，使总经纱根数满足生产全幅织物所需的量。经纱上浆可使纱线表面的毛羽贴伏，也可提升经纱的强度和耐磨性。以二次上浆为例，上浆工艺流程见图4-10。

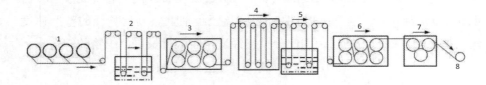

1—纱辊；2—浆纱槽；3—后烘辊；4—储纱架；5—浆纱槽；6—前烘辊；7—前压辊；8—前车。

图4-10　上浆工艺流程

（5）穿经

根据织物工艺设计的要求，把织轴上的全部经纱按一定的规律穿入停经片、综丝和筘齿，以便按组织规律控制织造，并保证在经纱断头时能及时停车而不造成织疵。

（6）织造

把准备好的经纱和纬纱织成一定规格的织物。

（7）整理

织物下机后，需验布、修布、热定型等，以修掉织疵，稳定布幅。

4.2 针织技术

4.2.1 概述

2000多年前，古埃及人已使用针棒进行手工编织了。英国莱斯特博物馆保存着5世纪古埃及的羊毛童袜和棉制长手套。[1] 1982年，中国江陵马山的战国墓出土了带状单面纬编双色提花针织物。现代针织起源于英国人威廉·李发明的手摇袜机（该机由3500多个零件组成，钩针排列成行，一次可以编织16个线圈），该袜机使用弹簧钩针进行编织。这种编织方法是现代纬编技术的基础。1896年，上海成立了中国第一家针织厂。[2] 针织机械发展历

---

① 龙海如，秦志刚.针织工艺学 [M].上海：东华大学出版社，2017：1.

② 许瑞超，王琳.针织技术 [M].上海：东华大学出版社，2009：2.

程见表4-1。

表4-1　针织机械发展历程

时间	国家	类型	名称
16世纪末	英国	半机械	手摇袜机
18世纪50年代末	英国	半机械	手工针织罗纹机
18世纪70年代中	英国	机械化	经编机
19世纪初	法国	机械化	圆形针织机
19世纪50年代	英国	机械化	舌针机
19世纪60年代中	美国	机械化	横机

纱线喂给，将纱线垫放在织针上，由织针引导线弯曲成圈，各线圈串套即得针织物，此法称为针织。

按编织方法，针织可分为纬编针织和经编针织。这种分类方法是从纱线喂入针织机的方向及所形成的线圈串套形式进行区分的。针织物制造的三大工序依次为给纱、成圈、引出。纱线由给纱装置送出；成圈织造过程由织针、沉降片、压片完成；针织物由牵拉装置引出。

针织品按用途分为服用针织品（如内衣、外衣、袜子、手套、羊毛衫等）、装饰用针织品（如床上用品等家居用品）、产业用针织品（如包装网、防雨布等）。在中国的海宁市、宁波象山县、绍兴杨汛桥镇、诸暨大唐镇、佛山张槎镇、青岛即墨区、晋江市深沪镇等地，形成了以针织品（如内衣、袜子、毛衫等）制造为主的产业集聚区。针织品由服用向装饰用、产业用发展。服用针织品由内衣向外衣发展，由常规内衣向功能内衣发展，应用原料也趋于多样化。

4.2.2　针织工艺及特点

（1）纬编针织

纬编针织是指纱线沿纬向（即横向）依次垫入各织针，顺着机台的织针排列方向依次弯纱、成圈，并在纵向上相互串联成织物的过程，纬编针织的织物组织见图4-11（a）。

按编织器形式，纬编针织机分为单针筒（床）机、双针筒（床）机；按编织器运行轨迹，纬编针织机分为圆机、横机；按织针的类型，纬编针织机分为舌针机、钩针机、复合机。纬编针织机一般由给纱机构、成圈机构、牵拉卷曲机构、传动机构及辅助机构组成。提花针织机在此基础上加设提花选针机构。此外，横机具有带移圈功能的机台，设针床横移机构。

纬编针织的针织过程如图4-11（b）所示。

①退圈。机台运转，推动织针上升，已弯成的线圈（旧线圈）由织针针钩滑出至针杆（针1～5）。

②垫纱。从导纱器引出的新纱线垫入针钩（针6～7）。

③带纱。织针下降，将垫上的纱线引至针钩下（针7～8）。

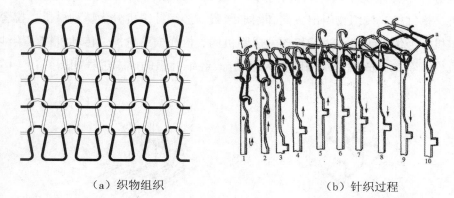

（a）织物组织　　　　　　　　　　（b）针织过程

图4-11　纬编针织的织物组织与针织过程

④闭口。织针在最高位置开始下降（针5～7），旧线圈将针舌逐渐抬起，使之向上翻转关闭针口（针8～9）。旧线圈、新线圈被分隔于织针的针舌内外，为新纱线穿过旧线圈做准备。

⑤套圈。织针下降，旧线圈顺着针舌外缘上移而套结（针9）。

⑥连圈。织针继续下降，新线圈和旧线圈在针头处接触（针9）。

⑦弯纱。织针下降，使新纱线逐渐弯曲，弯纱开始并一直延续到线圈最

终形成（针9~10）。

⑧脱圈。织针继续下降，旧线圈由织针的针头滑出，套到正在进行弯纱的新线圈上，形成线圈串联（针10）。

纬编针织生产工艺流程见图4-12。

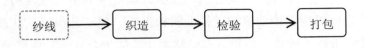

图4-12　纬编针织生产工艺流程

（2）经编针织

经编针织是纱线沿经向喂入织针，织针同时弯纱成圈，并将线圈相互串套而形成织物的过程，其织物组织见图4-13（a）。按针床数量，经编针织机分为单针床机、双针床机；按织针类别，经编针织机分为舌针机、钩针机、槽针机；按织物引出方向和附加装置，经编针织机分为特利科机、拉舍尔机。经编针织机由送经机构、成圈机构、梳栉横移机构、传动机构、给纱机构、牵拉卷曲机构及辅助机构组成。[①] 经编针织的成圈过程如图4-13（b）所示。

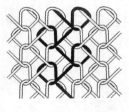
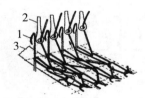

1—织针；2—梳栉；3—沉降片。

（a）织物组织　　　　　　（b）成圈过程

图4-13　经编针织的织物组织及成圈过程

①退圈。织针1上升，旧线圈由织针针钩滑脱至针杆上。

②垫纱。垫纱分两个阶段，第一阶段织针静止不动，梳栉2在两枚织针

---

① 贺庆玉.针织概论 [M].北京：中国纺织出版社，2018：91—92.

之间从最前位置向后摆动，并在织针前沿针床横移，然后再反向运动，将纱线垫放在针钩上。当织针再升起时，垫在织针的针钩上的纱线下滑至针杆。

③带纱。织针下降，针杆处的纱线顺势沿针杆向上滑移至针舌下缘。

④闭口。压板压住针钩，关闭针口，从而使新纱线与旧纱线隔开。

⑤套圈。沉降片3向后移动，旧线圈套上针钩。

⑥连圈。当织针下降时，新线圈与旧线圈在针钩内外相连。

⑦弯纱。织针继续下降，新垫入的纱线受针钩的勾拉作用而弯曲。

⑧脱圈。织针的针钩继续下降，旧线圈顺势滑过针头，并与新线圈套结。弯纱伴随脱圈进行。纱线逐渐进入形成新线圈。

⑨成圈。织针下降至预定位置，新的线圈生成。线圈中纱线长度取决于针头相对于沉降片片喉的位置。

⑩牵拉。沉降片前移，将脱下的旧线圈与新线圈推到织针背后，以免织针再次上升时旧线圈回套到针头上。

经编针织生产工艺流程见图4—14。

图4—14　经编针织生产工艺流程

相对机（梭）织，针织生产准备简单，织造、整理流程短，织造效率高，所需人工少，占地面积小，噪声小。

4.2.3　典型针织物组织

（1）纬编组织

①纬平针组织。纬平针组织可简称为平针组织，它由线圈单元顺纬编方向依次相互串套而成，属纬编针织物的基础组织。纬平针组织的正面为线圈的正面，反面为线圈反面，其正面一般比较光洁（纱线上的结头、杂质等易

被线圈阻挡在织物的反面），反面则偏暗。纬平针组织广泛应用于内衣、外衣、袜子、手套等针织品的生产中。纬平针组织见图4-15（a）。

②罗纹组织。罗纹组织是正面线圈和反面线圈按一定组合规律配置而成的纬编组织。常见的罗纹组织包括1+1罗纹组织、2+1罗纹组织、2+2罗纹组织等，罗纹组织织物的弹性和延伸性（横向延伸性）较佳，多用于加弹衫、背心、衣服的袖口、领口等。1+1罗纹组织见图4-15（b）。

③双罗纹组织。双罗纹组织（又称棉毛组织）是由两组罗纹组织叠加而成。双罗纹组织通常由专门的双罗纹机编织。双罗纹组织织物具有厚实、保暖、尺寸稳定性好、不易脱散的特点，特别适合于制作棉毛衫等，其编织机械又叫棉毛机。此外，双罗纹组织还经常被用于休闲服、运动服、T恤衫和鞋里布等。双罗纹组织见图4-15（c）。

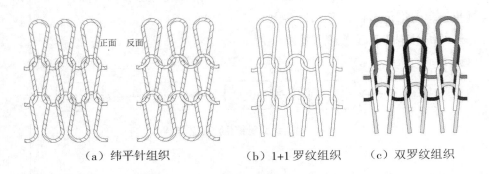

（a）纬平针组织　　　（b）1+1罗纹组织　　　（c）双罗纹组织

图4-15　纬编组织

（2）经编组织

①编链组织。编链组织是由每根经纱始终在同一枚针上垫纱成圈形成的组织。

编链组织一般和其他组织结合，以减少织物的横向延伸性。编链组织织物可逆编织方向脱散，纵向延伸性小，线圈圈干直立，纵行间无联系。编链组织见图4-16。

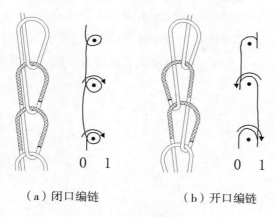

（a）闭口编链　　　　（b）开口编链

图4-16　编链组织

②经平组织。经平组织是由梳栉控制多根经纱左右往复移动，引导经纱垫在相邻的两枚织针上串联而成的组织。经平组织织物线圈与延展线方向相反，结构不稳定，两面都呈现菱形的网眼。经平组织织物特点是线圈左右倾斜，可逆编织方向脱散，纵、横向延伸性中等。经平组织见图4-17。

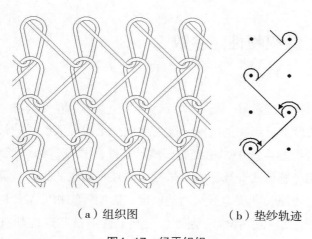

（a）组织图　　　　　（b）垫纱轨迹

图4-17　经平组织

③经缎组织。经缎组织是由每根经纱按顺序地在三枚或三枚以上相邻的织针上垫纱成圈并编织而成的。

经缎组织由开口线圈和闭口线圈组成，一般转向处为闭口线圈，中间则为开口线圈，其织物部分性能类似于纬平针组织织物。由于不同方向的倾斜线圈对光的折射不一，织物表面有横纹外观形成。经缎组织见图4-18。

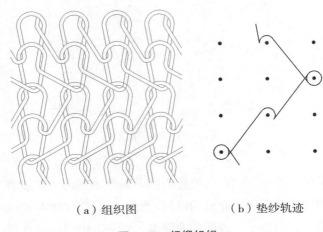

（a）组织图　　　　　　（b）垫纱轨迹

图4-18　经缎组织

4.2.4　针织物性能参数

（1）针织物物理参数

①线圈长度。针织物的线圈长度指组成一个线圈的纱线的长度，单位为毫米。经编针织物生产中，用经验公式计算线圈长度。纬编针织物生产中，线圈长度可用经验公式计算，也可依据线圈在平面上的投影计算，或用拆散的方法测量。线圈长度决定针织物的密度，影响针织物的某些性能（如脱散性、延伸性、耐磨性、弹性、强度、抗起毛性、抗起球性和抗钩丝性等），决定针织物的克重。

②密度。密度指规定尺寸的针织物上的线圈数，反映了针织物的紧密度。针织物密度以横向密度和纵向密度表示。横/纵向密度指沿横/纵向排列的线圈数量（一般取50毫米内的线圈数量）。

③未充满系数。未充满系数指单个线圈的长度与纱线直径之间的比值。未充满系数表示针织物在相同密度下，纱线粗细对其紧密程度的影响。线圈长度长，纱线细，未充满系数值就大，也就表明织物稀松。

④单位面积干燥质量。单位面积干燥质量指每平方米针织物干燥时的质量，单位为 g/m^2。单位面积干燥质量是设计密度、线圈长度的依据，是控制生产成本的依据，也是买卖双方交易的依据。一般情况下坯布按平方米质量计量，羊毛衫按单件质量计量。

⑤厚度。针织物的厚度可在自然状态下用织物厚度仪在试样处进行测量。

（2）针织物的服用性能参数

①脱散性。脱散指纱线断裂或线圈沿组织排列方向错位，使周边线圈或成排线圈分离的现象。纱线断裂，沿线线圈纵行脱散；线圈失去串套联系，沿线线圈横列脱散。针织物的脱散性与针织物的结构，线圈的紧密程度，纱线的摩擦系数、抗弯刚度都密切相关。

②卷边性。卷边指在自由状态下针织物边缘内卷的现象。织物的卷边性与针织物的结构、纱线弹性、纱线线密度、纱线捻度、线圈长度等相关。

③延伸性。延伸性指在外力作用下织物扩展或伸长的性能。针织物单向拉伸时，沿受力方向伸长，垂直于力的方向缩短。针织物的延伸性与针织物的结构、未充满系数、纱线延伸性、纱线的摩擦系数、线圈长度都有关系。

④缩率。缩率指在加工或使用环节针织物的尺寸缩减的比率，是一个检验针织物的重要指标。针织物的缩率分为下机缩率（织缩）、染整缩率（染缩）、洗涤缩率（洗缩）。

4.3 非织造技术

19世纪70年代，英国制造出最早的针刺机，这是非织造的起源。目前，非织造材料已被广泛应用于人们的衣食住行以及生产领域，非织造工业被誉为纺织工业中的"新兴产业"。

4.3.1 非织造的定义

根据我国国家标准（GB/T 5709—1997），定向或随机排列的纤维通过摩擦、抱合或黏合或者这些方法的组合而相互结合制成的片状物、纤网或絮垫，称为非织造布。该标准还说明了湿法非织造布与湿法造纸的区别。区别如下。

（1）纤维成分中长径比大于300的纤维（不包括经化学蒸煮的植物纤维）占全部质量的50%以上。

（2）纤维成分中长径比大于300的纤维（不包括经化学蒸煮的植物纤维）虽只占全部质量的30%以上，但其密度小于0.40 g/cm^3。

满足上述两条件之一者，属于湿法非织造布。需要注意的是黏胶纤维不属于经化学蒸煮的植物纤维。非织造材料的纤维相互黏合的实际形态结构模型可分为点状结构模型、片状结构模型、团状结构模型，如图4-19所示。

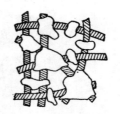

点状结构模型   片状结构模型   团状结构模型

图4-19　非织造材料的纤维相互黏合的结构模型

4.3.2　非织造技术基本原理

非织造可分为纤维/原料选择、成网、纤网加固/成网和后整理四个工艺过程，其中最主要的工艺过程是成网和加固。

（1）成网

①梳理成网。梳理成网是指将经松解混合后的纤维梳理成纤维单网或多层叠加网，纤网内纤维杂乱排列。非织造梳理机包括双锡林双道夫梳理机、带凝聚罗拉的杂乱梳理机、带杂乱辊的杂乱梳理机。

②气流成网。纤维经过开松机件（有角钉、刀片、梳针、锯齿等形式）的松解后，送至锡林或刺辊进一步梳理成平行伸直的单纤维。在高速回转的离心作用以及气流的共同作用下，梳理后的单纤维从锡林或刺辊的锯齿上脱落，借助气流扩散输送作用，单纤维在成网帘上凝聚形成纤网。气流成网时，单纤维受气流作用形成纤网，气流对单纤维的控制远不如机械控制稳定。气流成网机结构如图4-20所示。

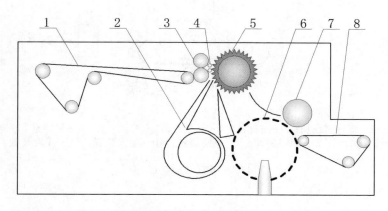

1—输入帘；2—风机；3—给棉罗拉；4—喂入罗拉；5—锯齿手；
6—尘笼；7—压辊；8—输出帘。

图4-20　气流成网机结构

③湿法成网。湿法成网是从传统的造纸工艺发展而来的。湿法成网以水

为介质，将纤维制成均匀分散的散纤维悬浮液，再经成网、脱水后制成纤维网状物，最后经物理或化学处理制得非织造材料。湿法成网也是纤维和细微物质在成形网上的积流过程，在纤维悬浮液过滤的过程中，纤维由于成形网的机械拦阻而沉积在网面上。

④纺丝成网。纺丝成网是利用化学纤维纺丝原理，熔融或溶解高聚物，经熔融纺丝或溶液纺丝成网，纤维网经过加固后制成非织造材料。非织造纺丝成网过程分为纺丝和成网两大步骤。成网工艺包括机械纺丝成网、静电纺丝成网、气流扩散纺丝成网等。纺丝成网机结构如图4-21所示。

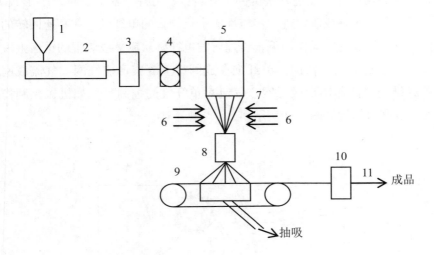

1—料斗；2—螺杆挤压机；3—过滤器；4—计量泵；5—纺丝装置；6—聚冷室（冷却空气）7—纺丝细流；8—牵伸装置；9—成网装置；10—加固装置；11—成网装置。

图4-21　纺丝成网机结构

（2）加固

①针刺加固。带有钩刺的刺针不断对纤网进行针刺，钩刺勾住纤网内外层的部分纤维穿插进入纤网，见图4-22。在不断穿插过程中，纤维纠缠勾连，纤维间摩擦力和纤维运动对纤网形成挤压作用。当刺针刺入一定深度后刺针回升，纤维会脱离钩刺而以近乎垂直的状态留在纤网内，形成具有一定强度的非织造材料。

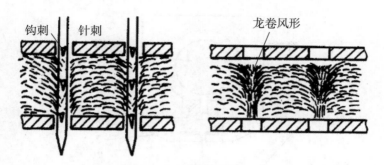

图4-22 针刺加固原理及典型结构

②水刺加固。高压水经水刺头的喷水板形成微细的高压水针射流，对输网帘或转鼓上运动的纤网进行连续喷射，在水针直接冲击力和反射水流作用力下，纤网中的纤维发生位移、穿插并相互缠结抱合，从而使纤网得到加固。水刺非织造材料原理见图4-23。水刺头下方配置真空吸水箱，利用负压，将输网帘的水经孔眼迅速吸入真空吸水箱内，然后被抽至水气分离器，进入水处理系统。

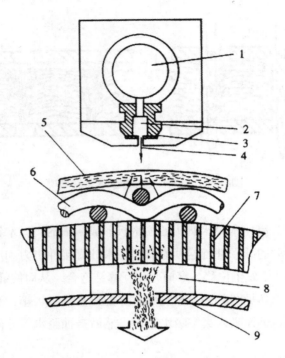

1—上水腔；2—下水腔；3—喷水板；4—水针；5—纤维网；6—输网帘；
7—滚筒；8—密封装置；9—真空吸水箱。

图4-23　水刺法加固原理图

③热黏合加固。高分子聚合物材料大都具有热塑性，加热到一定温度后会软化熔融，变成具有一定流动性的黏流体，冷却后又重新固化。热黏合非织造工艺就是利用高分子聚合物材料的这一特性，使纤网中部分纤维或热熔粉末软化熔融，让纤维间产生黏连，最后冷却即得加固纤网。

热黏合非织造工艺可分为热轧黏合、热熔黏合和超声波黏合。热轧黏合工艺按热轧辊加热方式可分为电加热黏合、油加热黏合和电磁感应加热黏合。热熔黏合可分为热风穿透式黏合和热风喷射式黏合。超声波黏合是一种新型热黏合技术，其将电能通过专用装置转换成高频机械振动，然后传送到纤网上，导致纤网中纤维内部的分子运动加剧，从而产生热能，使纤维软化、熔融、流动，最后再经过冷却环节，即可使纤网得到黏合。

④化学黏合加固。借助纤维基体化学黏合剂形成非织造材料的方法为化

学黏合加固法。纤维和黏合剂是以这种方法制成的非织造材料的两种基本成分，它们的结构和性能及两者的相互作用是化学黏合非织造材料成形的原理核心，也是非织造材料结构和性能的决定因素。化学黏合加固法是非织造生产中应用历史最长、使用范围最广的加固方法之一。

4.3.3　非织造材料的用途

非织造材料已被广泛地应用到环保、医疗卫生保健、工业、农业、土木工程及家庭生活的各个领域。功能性制品是应用非织造材料的一大主要领域，也是非织造材料（相较于传统织造材料）具有优势的领域，如医疗卫生保健用品（手术服、防护服、卫生巾、尿布等）、工业用品（过滤材料、汽车内饰材料等）、农业用品（丰收布、培养基质等）、建材用品（防水材料、隔热保温材料等）等。近年来一大批新颖的非织造产品被开发了出来，如采用聚四氟乙烯纤维和聚酰胺纤维经管式针刺工艺加工制造的人造血管、人造食管等人造器官，采用海藻纤维经针刺加工制造的高性能敷料，采用现代生物技术开发的特种活性纤维非织造材料（这种材料可有效吸附回收重金属离子）产品，碳纤维针刺毡（这种针刺毡可应用于导弹或火箭头锥以及运载火箭尾喷管喉衬的制造），可完全降解的聚乳酸纤维非织造新材料（这种材料可用于制造环保型的一次性产品）产品等。

4.4　编织技术

4.4.1　概述

编织是人类最古老的手工艺之一。最早的编织工艺是将植物的枝条、叶、茎、皮等加工后,用手工进行编织的工艺。1958年,在浙江湖州钱山漾遗址出土了200多件新石器时代竹编。这些竹编的形状有人字形、十字形、菱形、梅花形等,且其中大部分篾条经过了刮磨加工。这说明该时期的编织工艺已相当成熟。[①] 汉朝以灯芯草编织成席。福建、广东的藤编,河北沧州的柳编,山西永济的麦秆编等都是著名的编织类手工艺品。

编织技法包括编辫、平纹编织、花纹编织、绞编、编帽等。编辫是草编技法的一种,即将麦秸等边搓边编,编成多股的草辫。平纹编织分经纬向,按编织规律编织条相互交编,形成组织结构。在平纹编织基础上,编织组织结构进一步变化,发展出了花纹编织,如链子扣、十字扣、梅花扣等。绞编类似平纹编织,但结构更紧密。以放射状排布原料,编条互相掩压、旋转的编织技法为编帽。

自古以来,编织作为一种技艺,已深深融入人们的日常生产生活中,如线绳、花束、头发、编织框等。从外科缝合线、医疗用品,到电缆、绳索、

---

① 钟文国. 手工制作教程 [M]. 广州:广东高等教育出版社,2015:64.

鞋带等产品，再到用于海洋油田领域的巨大绳索和管子，以及纤维增强复合材料编织产品，都应用了编织技术。

4.4.2　编织原理

（1）基本方法

编织是将三根或三根以上的线沿轴线（对角线）交织的过程。编织物是具有恒定或可变横截面、封闭或开放特征的线形产品（如绳索）或具有弯曲或平面壳或实心结构的织物。从工程的角度考虑，每根编织绳长度尺寸大于横截面尺寸，可归为一维产品。从纱线交织角度考虑，每根绳索具有弯曲结构，又可归于三维产品。

编织纱线与编织品所成的角度称为编织角（见图 4-24）。编织角通常为30°~80°。编织角是编织物结构表达的重要指标。3线手工编织的原理见图4-25。图 4-25（a）为一个编织周期开始时3根纱线的状态；（b）为左侧的两根纱线交织，最左侧（外侧）的纱线越过离其最近的一根纱线；（c）为右侧的两根纱线交织，最右侧的纱线越过左侧最近的纱线。由此可知，第一步必须将所有左侧纱线交织，使左侧越过右侧。第二步必须交织所有右侧纱线，以使右侧纱线从左侧越过。以上步骤依次进行，便得整根编织结构。

图4-24　编织角

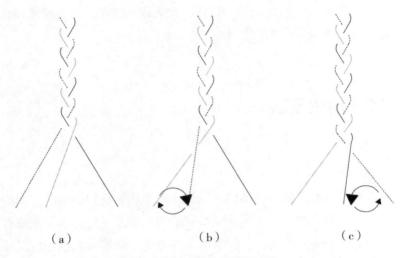

图4-25　3线手工编织原理

（2）平编

基于图4-25的原理可进行更多纱线的编织，如用7根纱线进行编织，见图4-26。图4-26（a）为每对左侧纱线与右侧纱线交织，（b）为每对右侧纱线与左侧纱线交织，每次交织移动的位置为1根纱线。在编织机上按相同的原理编织，所制成的扁平横截面编织物，被称为"平编织物"。编织纱线总数为奇数或偶数均可进行这种编织。图4-27展示了6根纱线的编织过程。对比图4-26和图4-27，可发现偶数根纱线编织时，每个周期，最左侧和最右侧的纱线都停留等待一次；奇数根纱线编织时，每个周期只有1根纱线在交织过程中保持停留等待状态。

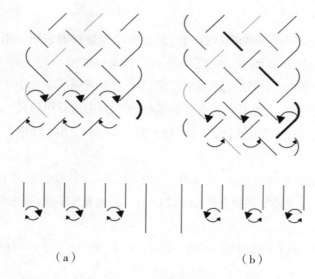

图4-26　7根纱线编织

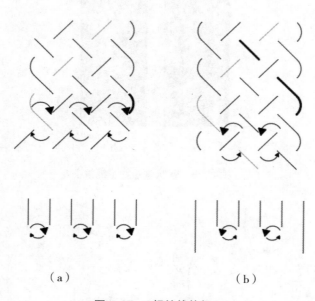

图4-27　6根纱线编织

（3）管状编织

管状编织是围绕一个圆柱排列的偶数根纱线进行的编织，用这种方法可生产管状编织物，如绳索，见图4-28。管状编织的步骤与平编的步骤相似，不同之处在于管状编织所有纱线末端都位于一个圆圈周围。手工生产管状编织物的最简单方法是使用中间有孔的编织台，因为这样可以使纱线保持在一个圆上并以一定的编织规律进行排列，见图4-29。图4-29中，管状编织顺序如下。

①每对编织纱线，左纱线交在右纱线上（1-2纱线，位置1的纱线越过位置2的纱线，位置2的纱线进入位置1。3-4、5-6、7-8纱线也按1-2纱线的方法进行交织。

②位置变换后（线对变为8-1、2-3、4-5、6-7），每对中右纱线越过左纱线。

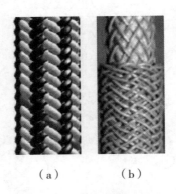

（a）　　　　（b）

图4-28　管状编织物（绳索）

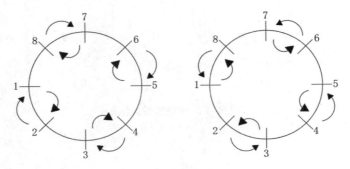

图4-29　管状编织顺序

（4）三轴编织物

编织时也可在轴芯或纱线间放置嵌线。在内衣、松紧带生产中，因嵌线处于编织纱线的中间，所以其常被称为"芯线"。在复合材料生产中，嵌线则被称为"嵌体"。而带有嵌线的编织，因其三个轴向上都设有纱线，所以被称为"三轴编织"（图4-30）。嵌线可插入各种编织结构。

图4-30　三轴编织

4.4.3　编织绳

编织绳是由多股线相互穿插交织而成的绳体结构。按绳的交织方式，编织绳分为圆编绳、螺旋编织绳。圆编绳是由两组沿顺时针和逆时针旋转的锭子引导股线在交织点交织而成的编织物。按结构特点，编织绳也可分为中空编织绳、双层编织绳。中空编织绳沿着圆形的轨道进行编织，其内部形成一个中空结构。当股线较粗或数量少时，中空编织绳的中空结构会被中心的股线挤占；当股线数量大于12时，中空编织绳的中空结构比较显著。日常生产生活应用中，一般会在中空编织绳内设绳芯。根据绳芯的不同，中空编织绳又分为双编绳、编捻绳等。

（1）双编绳

双编绳由两组类似的编织结构组成，如图4-31（a）所示。该结构可实现内外编织结构的配合，外层的编织体作为绳皮，保护内层编织体（如防止沙粒、尘土、浮游生物等颗粒进入绳缆内部，避免绳芯老化）。

（2）编捻绳

编捻绳是在中空编织绳内部填充捻绳体，如图4-31（b）所示。中空编织绳内部一般填充偶数股捻绳体，填充的捻绳体搓捻捻向对半配置，以保证其力学性能的稳定。

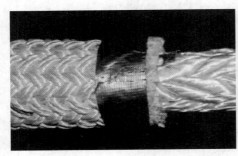 

（a）双编绳 　　　　　　　　　　　　（b）编捻绳

图4-31　圆编绳

螺旋编织绳的编织原理为，多枚锭子按顺时针方向或者逆时针方向运动且自转，锭子的股线按此二次螺旋结构实现与相邻股线交织，见图4-32。螺旋编织绳美观，多用于晾衣绳、旗帜绳、雨篷绳、窗帘绳等的制造。

 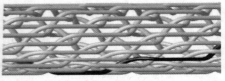

（a）实物 　　　　　　　　　　　　（b）模型

图4-32　螺旋编织绳

4.4.4　编织机械

（1）五月柱编织机

五月柱编织机主要结构见图4-34。五月柱编织机的锭子安装于携纱器上。该机一般有两组携纱器，一组携纱器顺着轨道沿顺时针方向运行，另一组携纱器顺着轨道沿逆时针方向运行。两携纱器沿∞形轨道运行。随着新一代计算机控制的编织机出现，携纱器的轨迹不再恒定。携纱器可改变运动轨迹，沿任意规律的曲线轨迹行进。编织体亦可无恒定规律的横截面，这种无恒定规律横截面的纺织体称为3D编织体。

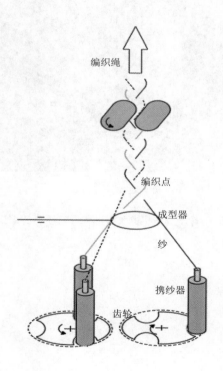

图4-33　五月柱编织机结构

（2）螺旋编织机

根据螺旋编织原理，改进五月柱编织机的编织机组，可得螺旋编织机，见图4-34。螺旋编织机使用的载体类似于五月柱编织机的载体，两种载体具有相同的齿轮，但具有不同的结构和不同的轨道，因此纱线之间交织的类型也不相同。螺旋编织机工作时，纱线的交织是由携纱器围绕内部齿轮的运动产生的。外部齿轮为固定大齿轮，内部齿轮的轴和轨道板固定在外部齿轮的旋转板上，旋转板围绕轴线旋转，进而带动内部齿轮旋转。携纱器沿着轨道被齿轮带着移动。

（a）关键部件　　　　　　　　　　（b）编织结构

图4-34　螺旋编织机的关键部件及其织物的编织结构

4.5 3D织造技术

4.5.1 概述

20世纪60年代，3D编织碳/碳复合材料就被应用于火箭发动机部件，新材料的应用可使发动机减重30%~50%。[①] 目前对3D织物的需求正在推动3D织造技术的快速进步。

1963年，罗瑟用提花开口织机织造圆锥形3D织物。1970年，德国制造了织制圆形、椭圆形截面织物的织机。1988年，美国科学家发明了3D多层织物织造方法和设备（可织造矩形、T形、工字形截面织物）。2009年，世界上第一台用于工业化生产的3D织机在瑞士运转，可生产板状、管状、十字形、H形、T形、L形、J形等多种形状截面的织物。

3D织物是指多层纱线构成的高厚度织物，或具有复杂形状的中空结构或3D薄壳结构织物。按织造方法的不同，3D织物分为3D机织物、3D针织物、3D编织物、3D缝合织物。图4-35是一种3D机织物的结构图，其由多层经纱和纬纱与穿过经纬组织的接结纱相互交织而成。

3D织物具有比强度高、比模量大、材料性能可设计、抗疲劳性好、减震性能好、耐化学腐蚀性好、成型工艺性强等优点。

---

① 宗亚宁，张海霞.纺织材料学 [M].上海：东华大学出版社，2013：286.

图4-35　3D机织物的结构

4.5.2　3D机织物组织

　　常见的3D机织物组织有正交组织和角联锁组织两种。3D机织物是由接结纱（也称捆绑纱或z向纱）串联的多层织物。按接结方式，3D机织物的组织可分两类：各层织物由经纱接结的称为经接结组织，各层织物由纬纱接结的称为纬接结组织。按接结纱与经/纬纱层交接的形式差异，正交组织也分为整体正交组织和层间正交组织，角联锁组织也分为整体角联锁组织和层间角联锁组织。以此为基础，变化层数、纱线浮长、纱线分布，就可得到更复杂的组织。

　　正交组织由三组相互呈正交状态的纱线构成，三组纱线分别朝向x、y、z三个方向。层间正交组织的z向纱贯穿多层纱，对x、y向纱起固结作用，见图4-36（a）。正交组织结构简单，织物中纱线呈直线状态，有利于充分发挥纱线的承载能力。角锁组织由接结经纱、纬纱、衬纬纱等纱线系统组成。若接结经纱以一定的倾斜角与若干层的纬纱进行角联锁状交织，则构成层间角联锁织物组织，见图4-36（b）。

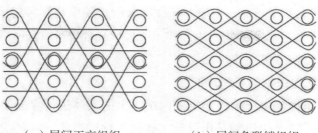

（a）层间正交组织 　　　　（b）层间角联锁组织

图4-36　3D机织物组织

4.5.3　其他3D织物

（1）3D编织物

3D编织物的编织技术与编绳、编带技术相同。3D编织物的制造过程为：基于预定的成型方向设定纱线编织规律，使纱线按编织规律交叉、转换然后交织成3D结构的编织物，见图4-37。

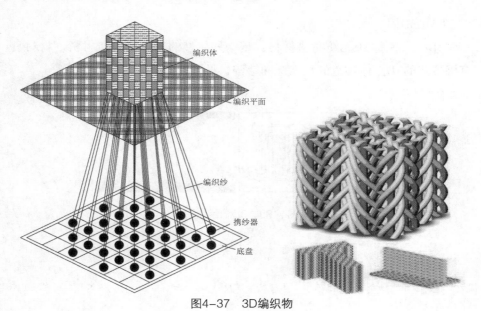

图4-37　3D编织物

　　为了降低构件的成本，复合材料往往采用3D编织物作为其增强体。1996年，国内最大全自动3D编织机由天津工业大学复合材料研究所研制成功，该机可挂纺织纱线4万根。[①]

　　（2）缝合3D织物与穿刺3D织物

　　缝合3D织物是用纤维将两层或两层以上的实体进行穿连而制成的，见图4-38（a）。穿刺3D织物是用钢针（碳棒）预铺矩阵，穿刺织物，让纤维置换而制成的，见图4-38（b）。

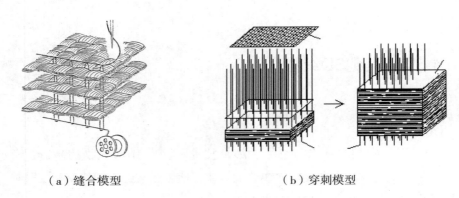

（a）缝合模型　　　　　　　　　　　　（b）穿刺模型

图4-38　缝合、穿刺模型

　　（3）3D棉

　　3D棉，又称3D无纺衬垫材料，是一种新型的环保非织造材料，材料具有棉絮状的3D立体构造的自立纤网结构，见图4-39。

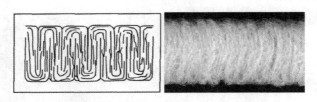

图4-39　3D棉示意图

① 王菲，李娟，杨年生，等. 三维立体纺织增强材料助力神十一飞天 [J]. 纺织科学研究. 2017
（6）：37-39.

　　3D棉以涤纶等多种透气性好、抗压性强的纤维为主原料，其成型原理是几种不同性能的纤维经开松、梳理制成纤网，再由专用成型机分段挤压形成立式层状结构。3D棉成型示意图见图4-40。该3D棉的纤网垂直于布面排列。

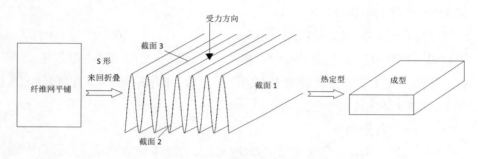

图4-40　3D棉成型示意图

（4）三明治网布

　　三明治网布是一种双针床经编网布，由网孔表面、连接单丝、平布底面组成。因其立体网布的结构很像三明治，故取名为三明治网布。三明治网布因其独特的三维立体结构，具有优越的透气性、回弹性。三明治网布还具有质地轻、易洗涤的优点。

4.5.4　3D织物的应用

（1）复合材料领域

　　3D织物具有质量小、强度和刚度大、抗疲劳性好等特点。目前，航空、航天飞行器的部分部件已采用3D织物为材料。一些复合材料用传统平面织物增强材质，但其仍存在层间结合强度低、易分层、不耐冲击等问题。在一些复合材料中用3D织物代替传统平面织物可在一定程度上解决这些问题，如将3D织物应用于筋板等复合材料中，通过纱线之间的连接作用，可提高其抗剪切能力。

（2）医疗卫生领域

仿器官类纺织品（如人造血管、人造气管、人工肾脏等）常用3D织物。人造血管可用于人体内管状器官的修复。它的壁由多层纱线交织而成，可使管道保持通畅。屈曲的纱线使织物纵向上有较强的顺应性，而光滑的管道内壁有利于流体的输送。

. （3）土木工程领域

3D织物被应用于土木工程中，起排水、过滤、加固、隔离等作用。不同的场合，对3D织物性能的要求不相同。目前，应用于土木工程领域的3D织物主要采用机织、非织造工艺加工而成。

（4）安全防护领域

安全防护纺织品是帮助穿着者抵御外部恶劣环境的纺织品。为满足特殊环境中的需要，安全防护纺织品的面料要具备阻燃、隔热、防毒等功能。大多数防护服以聚酰胺纤维为原料，由多层面料缝合而成，一般来讲织物层数决定了织物的防护能力。在3D结构的防弹机织物中，伸直的纱线能够提高织物的刚度，且不降低防护水平。3D织物也被用于飞机坐垫、航天领域的航天服等的制作中。

4.6　信息化织造技术

信息技术推动了纺织业的发展，计算机技术不断融入织造过程，如计算机辅助织物设计、计算机辅助工艺设计、计算机辅助制造等技术。

4.6.1　机织物计算机辅助设计系统

机织物计算机辅助设计（机织物CAD）系统是实现机织物加工快速反应的重要基础，是关于织物设计的一组计算机应用软件。机织物CAD系统包括织物测试分析子系统、花型设计子系统、纱线设计子系统、织物加工工艺生成子系统和织物仿真子系统等。

织物测试分析子系统对织物来样进行测试分析，获得织物各项参数，包括纱线的纤维原料、线密度、捻度，以及织物的配色、织物组织结构、经纬纱密度等。

花型设计子系统用于设计和处理织物的图案纹样，以获得用户满意的花型效果。

纱线设计子系统用于设计织物的经纱、纬纱，展示不同纤维原料、线密度、捻度和毛羽数的各种纱线，包括花式纱线，供用户选择。

织物加工工艺生成子系统则根据用户选择的织物图样信息、经纬纱线信息、织物组织信息（这些信息可以由用户按需输入，也可以从数据库中调用）及织机本身的信息（一般储存于织机的磁盘上），通过特定的算法直接生成织机能读懂的上机信息。

织物仿真子系统用于展示织物图样、纱线参数（如纤维原料、类型、线密度、配色等）和织物参数（如组织、经纬纱密度等）改变时织物的仿真效果。该子系统还可以将模特穿着时的三维效果和室内装饰时的三维效果展现出来。

机织物 CAD 系统能快速、准确、方便地完成织物图样、纱线、组织、风格的设计及设计的修改，迅速确定符合用户要求的纱线参数、织物参数、图样及其组合。目前，机织物 CAD 系统对织物的仿真模拟水平较高：从对普通纱线的模拟到对花式纱线和新型纱线的模拟；从对织物的二维外观模拟到对织物的质感和立体结构、织物的起毛效果以及悬垂性等的模拟。在色彩方面，机织物CAD系统可以模拟各种颜色。理想的机织物CAD系统应该可以根据织物的基本参数模拟织物的三维效果，甚至能直接根据纱线纤维原料、纱线结构、织物组织结构以及工艺条件等从细节上模拟出织物三维仿真效果，展示其悬垂性、硬挺度等。

4.6.2　计算机辅助工艺设计系统

通常，机织物CAD系统能自动生成所设计织物的技术规格和该织物上机织造所需的部分工艺参数，而加工产品所需要的大部分生产工艺文件，则要由计算机辅助工艺设计（CAPP）系统完成。CAPP系统生成的工艺文件包含产品加工工艺文件，也包含许多生产管理所必需的信息文件。CAPP 系统实际上就是将产品设计信息转化为制造加工和生产管理信息的系统。目前的CAPP系统大都是介于交互型和生成型之间的综合型系统。这种系统既需要利用人机交互的信息软件和程序模块，又需要利用具有快速处理信息功能和各种逻辑决策功能的软件和程序模块，才能半自动或自动地生成工艺。智能型 CAPP系统是将人工智能技术应用于 CAPP系统而开发成的CAPP专家系统。生成型系统和智能型系统的区别在于：生成型系统以逻辑算法加决策为其特征，而智能型系统则以逻辑推理加知识学习为其特征。

4.6.3　计算机辅助制造（CAM）

纺织厂内部的通信网络以及计算机控制的自动化生产装备，使计算机辅助制造（CAM）成为现实。纺织厂中央计算机可通过网络通信电缆及适配器对织造生产的各道工序、各种设备进行监督、管理与控制。中央计算机将机织物CAD系统 和 CAPP系统生成的加工信息直接输入各机台的控制微型计算机，向它们发出各种参数和指令，如经纱上浆率、浆纱回潮率、浆纱各区伸长率等，以及织机工艺参数、织物组织参数、停机指令等。这些数据也可通过中央计算机的双向通信网络，在各机台之间相互传递。单台浆纱机、织机的控制微型计算机可将本机的运转状态、生产数据、维修警报、故障原因及操作人员传呼信息等向中央计算机传输，并显示、储存、打印相关信息，供生产组织者参考，还可通过中央计算机向其他业务部门报告生产信息或申请帮助。

思考题

1. 你见过老式织布机吗？请简述其基本构造。
2. 机织、针织、非织造、编织之间有何差异？
3. 你穿的衣服（上衣、裤子、袜子等）分别属于什么类型的织物？
4. 纸张和非织造布类似吗？为什么？

第5章 纺织品整理

纺织品整理是通过物理、化学等方法，并借助各种机械设备，对纺织品进行处理的过程，主要包括前处理、染色或印花、后整理等工序。

5.1　纺织品整理工艺

5.1.1　纺织品前处理

原布上常含有相当数量的杂质，包括天然纤维原料的伴生物、化纤上的油剂、经纱的浆料以及纺织过程中粘附的油污等。这些杂质会影响织物的色泽、手感、吸湿性、上色均匀度等。前处理的目的就是去除这些杂质、油污等，使纤维充分发挥其优良性能，为后续加工提供合格的半成品。

以下是棉织物的前处理过程。

（1）原布准备

①原布检验。原布检验内容包括物理指标检测（如长度、幅宽、强度等）和外观疵点检测（如缺经、断纬、跳纱、破洞、油污渍等）两个方面。

②翻布。翻布是将织布厂送来的布包（或散布）拆开，人工将每匹布翻平摆在堆布板上，把每匹布的两端拉出以便缝头。

③缝头。缝头是将翻好的布匹逐箱、逐批用缝纫机连接起来，以便于后续印染厂连续加工。

（2）烧毛

棉织物烧毛是将原布迅速通过烧毛机的火焰或擦过赤热的金属表面，以除去布面上的绒毛，使布面光洁，防止出现因绒毛而产生的染色和印花疵病的过程。烧毛机的种类有气体烧毛机、圆筒烧毛机、铜板烧毛机等。目前，多用气体烧毛机。

（3）退浆

在染整加工前，需进行棉织物退浆处理，尽可能将棉织物上的浆料去掉。常用的退浆方法有酶退浆、碱退浆和氧化剂退浆等。在实际生产中，要根据织物品种、浆料成分、工序安排和设备状况等因素，选用一种或两种退浆方法进行退浆。各退浆方法比较见表5-1。

表5-1 三种主要退浆方法比较

退浆方法	退浆用试剂	退浆工艺优缺点
酶退浆	淀粉酶	退浆率高，对纤维素纤维无损伤，但只可用于淀粉类上浆棉织物的退浆，对其他天然浆料和合成浆料上浆的棉织物起不到退浆作用
碱退浆	氢氧化钠	适用于各种天然浆料和合成浆料的退浆，成本低，对天然杂质的去除效果较好，但对环境污染严重
氧化剂退浆	过氧化氢、亚溴酸钠、过硫酸盐等	适用范围广，速度快，效率高，退浆均匀，退浆后织物手感柔软，同时还有一定的漂白作用，但也会对棉织物造成一定的损伤

（4）煮练

棉织物退浆后仍有大部分天然杂质残留在织物上，这会影响后续染整加工。因此，退浆后还要进行煮练，以去除棉织物中残留的大部分杂质。

棉织物煮练的主练剂是氢氧化钠，在高温下氢氧化钠可与织物上各类杂质作用，进而去除杂质。此外，为了提高煮练效果，还需加入一定量的亚硫酸钠、磷酸钠硅酸钠等助练剂。

（5）漂白

煮练后，棉织物上大部分杂质已经被去除。但纤维上仍残留着天然色素，外观尚不够洁白。如要生产浅色的印花布和染色布，则需经过漂白处理，否则会影响染色或印花色泽的鲜艳度。目前，用于棉织物漂白的漂白剂主要有次氯酸钠（氯漂）、过氧化氢（氧漂）和亚氯酸钠（亚漂）。

（6）开幅、轧水、烘燥

开幅、轧水、烘燥就是将练漂加工后的绳状棉织物扩展为平幅，通过真空吸水或轧辊挤压，去除织物上的部分水分，然后烘燥，以满足后续加工需求的过程。

（7）丝光

丝光是指棉织物在张力作用下，经浓氢氧化钠溶液处理，而获得丝一般的光泽的过程。在这一过程中除了获得良好的光泽外，棉织物的尺寸稳定性、染色性能、拉伸强度等都会获得一定程度的提高和改善。

丝光所用的设备有布铗丝光机、直辊丝光机和弯辊丝光机等。布铗丝光机应用较为普遍，其主要特点是经向张力和扩幅范围可调，处理后棉织物的光泽好，缩水率小，但操作不当易产生破边、有铗子印等问题。

5.1.2 纺织品染色

纺织品的染色一般是指使纺织品获得一定牢度的颜色的加工过程。在这一过程中，染料和纤维之间发生物理作用或化学反应，染料因而结合、留存在纤维上，从而使纺织品显示稳定的颜色。[1]

（1）染料

染料是指能使纤维材料获得色泽的有色有机化合物。染料要对所染的纤维有一定的物理或化学的结合力，并且有一定的染色牢度。常见染料分类见图5-1。

---

① 郭腊梅. 纺织结构成型学 3：纺织品染整 [M]. 上海：东华大学出版社，2016：36.

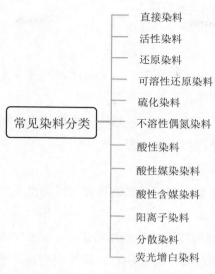

```
                              ┌─ 直接染料
                              ├─ 活性染料
                              ├─ 还原染料
                              ├─ 可溶性还原染料
                              ├─ 硫化染料
            ┌──────────┐      ├─ 不溶性偶氮染料
            │ 常见染料分类 │──────┤─ 酸性染料
            └──────────┘      ├─ 酸性媒染染料
                              ├─ 酸性含媒染料
                              ├─ 阳离子染料
                              ├─ 分散染料
                              └─ 荧光增白染料
```

图5-1 常见染料分类

（2）染色过程

染色过程基本上可以分为三个阶段。

①吸附：在溶液中染料受范德瓦耳斯力、库仑力等的作用被吸附到纤维表面。

②扩散：吸附在纤维表面的染料向纤维内部扩散渗透。

③固着：染料固着在纤维内部。

（3）染色方法

根据染色加工对象不同，染色方法可分为成衣染色、织物染色、纱线染色和散纤维染色四种。根据染料施加于被染织物及其固着在纤维中的方式不同，染色方法又可分为浸染（或称竭染）和轧染两种。

（4）染色设备

染色设备按照运转方式可分为间歇式染色机和连续式染色机；按照染色方法可分为浸染机、卷染机、轧染机等；按被染物状态可分为散纤维染色机、纱线染色机和织物染色机。

5.1.3 纺织品后整理

织物经前处理、染色（或印花）后，再通过物理或化学的方法进一步提高其品质的加工过程叫作纺织品后整理。

以棉织物为例，其后整理主要包括定形整理、光泽和轧纹整理、手感整理、增白整理、树脂整理和功能整理。

（1）定形整理

定形整理包括定幅整理和机械预缩整理，目的是减少织物在后续加工或使用过程中的变形。

①定幅整理。定幅整理就是在潮湿状态下，将织物幅宽拉至规定尺寸，然后烘干，使织物门幅整齐，尺寸稳定。除棉织物外，毛、麻、丝等天然纤维织物，以及吸湿性较强的化学纤维织物，也可通过这种方法达到定幅的目的。

棉织物的定幅整理常用布铗拉幅机来完成，合成纤维及其混纺织物的定幅整理常用针板拉幅机来完成。针板拉幅机的结构与布铗拉幅机基本相同，主要区别是以针板代替布铗。针板拉幅机可超速喂布，在拉幅过程中减少了经向的张力，有利于扩幅。同时，针板拉幅机又可使织物在经向获得一定的回缩，起到预缩的效果。但是经过这种机器加工的织物的布边留有针孔，且针杆易折断，因此，这种机器不宜用于轧光及电光等织物。

②机械预缩整理。织物缩水的主要原因在于纤维的异向溶胀，湿态纤维直径的增量比其长度的增量大，纱线会随纤维溶胀而缩短，导致织物发生收缩。当织物自然干燥后，纤维溶胀消失，但纱线受相互间摩擦作用牵制，使织物仍保持收缩。机械预缩整理是利用物理方法调整织物的收缩，以消除或减少织物的潜在收缩，达到防缩的目的。

（2）光泽和轧纹整理

织物的光泽度主要由织物表面对光的反射情况决定。当组成织物的纤维互相平行或织物表面较为光洁平滑时，织物表面光泽度高。织物的光泽整理包括轧光整理和电光整理两种，其目的都是改善织物表面的平整度，使织物表面光泽度提高。轧纹整理则是使织物表面产生凹凸花纹的立体效果。

（3）手感整理

织物的手感反映了织物的外观和舒适度。手感整理包括柔软整理和硬挺整理。柔软整理是通过物理或化学的方法，使织物获得柔软平滑的手感的过程。硬挺整理则是通过上浆的方式使织物的手感变得硬挺、丰满、厚实的过程。

（4）增白整理

增白整理的目的是进一步提高棉织物的白度。常见的增白整理分为上蓝增白整理和荧光增白整理两种。

（5）树脂整理

树脂整理就是利用树脂整理剂来提高织物防缩、防皱性能的加工过程。由于树脂整理主要以防皱为目的，因此也称为防皱整理。

（6）功能整理

功能整理就是通过物理或化学的方法，赋予纺织品特定功能的过程。如防水、拒水、阻燃、易去污、卫生、防紫外线等。

①防水整理。防水整理是在织物表面涂上一层或数层不溶于水、不透水的薄膜，堵塞织物孔隙，使水和空气都不能透过织物的整理。用于防水布、雨伞等的织物都要经过防水整理。

②拒水整理。拒水整理是通过化学方法提高纤维表面疏水性，使织物既透气又防水的整理，其适用于制作风雨衣及其他衣用面料等。

③阻燃整理。阻燃整理后织物不是不燃烧，而是不易被点燃，或离开火焰后能自行熄灭，不发生阴燃。阻燃整理可采用织物浸轧阻燃整理剂来完成。此外，将阻燃整理剂加入纺丝液生产阻燃纤维，也可以达到阻燃的目的。

④易去污整理。织物沾污的原因一般有物理性吸附污渍、化学性吸附污渍、静电吸附污渍和再沾污等。易去污整理就是在疏水性纤维表面引进亲水性基团或用亲水性聚合物对纤维表面进行整理，提高纤维的亲水性，使污渍易于去除。洗涤时，易去污整理剂中的亲水性链段会在织物表面定向排列，使其亲水化，并使这类织物在水中吸附污渍的能力降低，从而使污垢易被去除，且不易再沾污。

⑤卫生整理。卫生整理目的是使纺织品具有杀灭致病菌或抑制其繁殖的

functioning, 保持纺织品的卫生，防止微生物通过纺织品传播。织物经卫生整理后，附着在纤维上的整理剂可杀灭细菌或抑制其繁殖，这样可以减少臭味的产生，使织物具有抗菌、防臭、防霉、防虫等功能。该整理可应用于制造袜子、内衣、医疗卫生用品等织物上。

⑥防紫外线整理。通过织物的紫外线由透过织物孔隙而波长没有改变的紫外线、穿过纤维没有被纤维吸收的紫外线、入射紫外线与织物相互作用后漫反射的紫外线三部分组成。因此，降低织物的紫外线透过率有两个途径：改变织物组织结构以降低孔隙率；提高织物对紫外线的反射或吸收能力。防紫外线整理可以用紫外线吸收剂和紫外线屏蔽剂等。制作防晒服、防晒帽等织物可进行防紫外线整理。

5.2　纺织品整理流程

不同织物整理流程不同，为获取不同风格或不同功能，同种织物的整理流程也略有差异，本节主要介绍棉织物和毛织物的整理流程。

棉织物和毛织物的整理流程分别如图5–2、图5–3所示。棉织物的经纱带有浆料等杂质，需要进行退浆、煮练、丝光等前处理，其后整理一般包括拉伸、预缩等，以改善棉织物尺寸稳定性。毛织物的毛纱带有羊脂、羊汗等杂质，需要进行洗呢、煮呢、烘呢等前处理，其后整理包括刷毛、剪毛、蒸呢、预缩等，以稳定毛织物尺寸和改善其毛型外观。

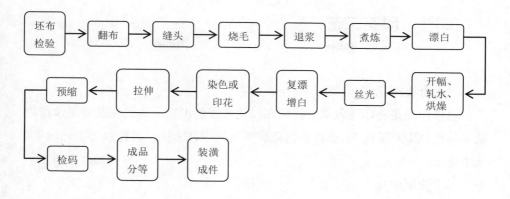

图5-2　整理流程（棉织物）

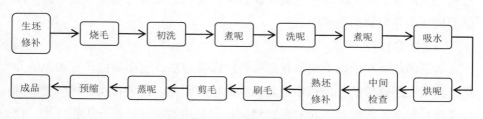

图5-3　整理流程（毛织物）

5.3　纺织品印花

　　印花本质是通过一定的方式将染料或涂料印制到织物上形成花纹图案。织物的印花也称织物的局部染色。印花过程包括图案设计、筛网制版、色浆调制、印制花纹、后处理等过程。

5.3.1　印花工艺

（1）直接印花

直接印花是将印花色浆直接印在白色或浅色织物上（要注意确保印花色浆不与地色染料反应），获得各色花纹图案的印花方法，其特点是工艺简单、成本低廉。

（2）拔染印花

拔染印花是在织物上先染色后印花的加工方法。拔染印花又分为拔白印花和色拔印花。拔染印花工艺流程长且工艺复杂，设备占地大，成本高，多用于高档印花织物的生产中。

（3）防染印花

防染印花是在织物上先印花后染色的印花方法，包括防白印花和色防印花。我国民间流传的扎染和蜡染是典型的色防印花。扎染特点是将织物的部分区域扎起来，以致其不能着色；蜡染特点是用蜡密封住部分织物纤维，使之不能着色。与拔染印花相比，防染印花的工艺流程较短，可用的地色染料较多，但是花纹一般不及拔染印花精细。

（4）防印印花

防印印花又称防浆印花，一般是先印防印浆，然后在其上罩印地色染料。印防印浆处罩印的地色染料，由于被防染或拔染而不能上染（或固色），经洗涤后会被去除。

5.3.2　印花设备

工业生产中常见的印花方法与印花设备如图5-4所示。

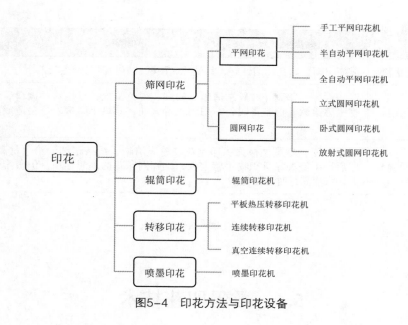

图5-4 印花方法与印花设备

5.3.3 印花色浆

印花色浆一般由染料或颜料，以及糊料、助溶剂、吸湿剂和其他助剂等组成。其中印花糊料的性质对印花品质起决定性作用。各印花糊料的优缺点见表5-2。

表5-2 印花糊料的优缺点

种类	优缺点
淀粉糊	煮糊方便，成糊率和给色量高，印制花纹轮廓清晰，蒸化时无渗化现象，不黏附烘筒。但渗透性和洗涤性差，用这种糊料后织物手感较硬。
糊精和印染胶	印透性较好，印制花纹均匀，吸湿性较强，易于洗涤，耐强碱。但成糊率低，表面给色量低，且具有还原性，蒸化时易渗化。
海藻酸钠浆	印制花纹均匀，轮廓清晰，吸湿性和渗透性好，易于洗涤。但给色量较低。

续表

种类	优缺点
合成龙胶	成糊率高，印花均匀性好，易洗除，耐酸性好。但耐碱性较差。
乳化糊	渗透性好，印制花纹轮廓清晰、精细、得色鲜艳，且用这种糊料后织物手感柔软。但制备时，需用到大量火油，其烘干时挥发，会造成环境污染。
合成增稠剂	调浆方便，增稠性极强，印制花纹轮廓清晰、线条精细，给色量高，印后可不经洗涤且织物手感柔软，是筛网印花的理想糊料。但吸湿性强，汽蒸固色时易渗化。

5.4　数码印花技术

数码印花又可称数码喷墨印花或喷墨印花。这种技术通过各种数字化输入仪器（如扫描仪、数码相机等）将数字图像输入计算机，经过计算机印花分色系统编辑处理后，再由专用软件驱动芯片，控制喷印系统将染料直接喷印到织物上，从而获得所需的印花产品。数码印花的工序简单，印花品质高档，生产灵活性强且对环境无污染，是未来纺织品印花的发展趋势。

5.4.1　数码印花工艺

纺织品数码印花工艺所用的墨水因纤维品种而异，纤维素纺织品的数码印花墨水多为活性染料。活性染料墨水用于棉织物数码印花的流程见图5-5。

图5-5 棉织物数码印花的流程

5.4.2 数码印花墨水

数码印花的墨水配方包括色素（染料或涂料）、载体（黏合剂或树脂）和添加剂（包括黏度调节剂、引发剂、防菌剂、防堵塞剂、助溶剂、分散剂、pH调节剂、消泡剂、渗透剂、保湿剂、金属离子螯合剂等），其中添加剂可根据需要选择合适的种类使用。

5.4.3 数码印花设备

目前，数码喷墨印花机包括载片数码印花机、T恤数码印花机、高速导带式数码印花机等。

5.5 新型纺织品整理技术

随着科技的进步，不少其他领域的新技术正被应用到纺织品整理中来，不断促进新型整理技术的发展，例如：低温等离子体、辐射和超声波在纺织品整理中的应用，酶在纺织品整理中的应用，微胶囊技术在整理中的应用，天然染料在纺织品整理中的应用，超临界二氧化碳流体在纺织品整理中的应用等。

5.5.1 低温等离子体、辐射和超声波在纺织品整理中的应用

（1）低温等离子体在纺织品整理中的应用

低温等离子体在纺织品整理中的应用广泛。低温等离子体处理可赋予纺织品亲水性、易染色性和显色性（超细纤维织物）、防水性和防油性、防污性、防缩性（羊毛）、易黏合性、抱合性及防起球性、耐热性和耐燃性、抗静电性等性能。

（2）辐射在纺织品整理中的应用

辐射在纺织品整理中的应用包括：利用紫外线辐射改善棉纤维、羊毛和蚕丝的染色性能和印花性能；利用紫外线激光辐射进行纤维改性；利用激光辐射改性印花和活性染料固色。[①]

（3）超声波在纺织品整理中的应用

超声波是一种频率很高的声波，在传播时可使弹性介质中的粒子振荡，并通过介质按超声波的传播方向传递能量。在纺织品整理中，超声波主要用于助剂加工、前处理和染色等。

---

① 宋心远，沈煜如. 新型染整技术 [M]. 北京：中国纺织出版社，1999：54—59.

5.5.2　酶在纺织品整理中的应用

　　酶是一种高效、专一的生物催化剂，所需条件温和。将其用于纺织品整理中，有利于提高纺织品质量并可以使纺织品呈现出一些特殊效果。目前，纺织品整理中应用的酶品种主要有淀粉酶、纤维素酶、蛋白酶、脂酶、过氧化氢酶等。纤维素纤维织物用酶处理后可提高织物的服用性能，可获得多种有商业价值的产品。

5.5.3　微胶囊技术在纺织品整理中的应用

　　微胶囊技术就是将某种物质用各种天然的或合成的高分子化合物连续薄膜完全包覆起来，制成直径为1~500 μm 的微粒，而该物质原有的性质不受损失并在适当的条件下它又可释放出来的技术。微胶囊技术在纺织品整理中主要应用于杀虫整理、抗菌整理、香味整理等功能整理中。

5.5.4　天然染料在纺织品整理中的应用

　　天然染料包括所有从植物、动物和矿物中提取的色素，具有与环境生态相容性好、生物可降解和毒性低的优点，可作为合成染料的补充来源。天然染料有叶绿素、类胡萝卜素、黄酮类化合物等。部分黄酮类化合物具有吸收紫外线和抗氧化的功能，可用作紫外线吸收剂和抗氧化剂。

5.5.5　超临界二氧化碳流体在纺织品整理中的应用

　　二氧化碳的临界温度是31.1℃，临界压力是7.39 MPa，当封闭体系的温度和压力超过二氧化碳的临界点后，二氧化碳会呈现超临界流体状态。[①] 超临界二氧化碳流体作为染色介质的染色，具有上染速度快、匀染和透染性好、重现性好、工艺流程短的优点，适合于涤纶、锦纶、丙纶、芳纶等疏水性纤维的染色。染色完成后只需降压即可使二氧化碳气体分离，其后残余的染色粉末还可再使用。

┌──────────┐
│ 思考题 │
└──────────┘

1. 白衬衣是否进行过染整加工？部分衣服洗涤时掉色的原因是什么？
2. 棉布衣服起皱的原因是什么？化纤衣服起静电的原因是什么？
3. 简述扎染、蜡染工艺流程。

---

① 宋心远，沈煜. 新型染整技术 [M]. 北京：中国纺织出版社，1999：252.

第6章 纺织产品

经纺织加工而成的产品称为纺织产品，其包括纱线、机织物、针织物、非织造布、编织物等。按应用领域纺织产品分为：服用纺织品、装饰用纺织品和产业用纺织品。

6.1　服用纺织品

服用纺织品通常指用于服装制造的纺织制品，包括服装面料、里衬及辅料等。

6.1.1　分类

服用纺织品是服装构成的主要材料，服用纺织品种类繁多，一般可按照以下几种方法进行分类。

（1）按原料分类

①纯纺织物。由单一纤维原料所纺纱线构成的织物，如纯棉平布、纯棉府绸、麻纱等。

②混纺织物。采用两种或两种以上不同种类纤维混纺纱线所构成的织物，如涤棉布、涤黏布等。

③交织织物。由经纬纱采用不同纤维原料的纱线所构成的织物，如涤经棉纬织物、棉经毛纬织物等。

（2）按加工方法分类

①机织物。一般用于制作风衣、牛仔裤、羽绒服等。

②针织物。一般用于制于制作内衣、运动服、外衣、毛衣等。

③非织造布。一般用于制作服装衬里、垫肩、涂层织物的基布、絮片等。

④编织物。如松紧带等服装上的各种绳类。

（3）按外观形态分类

①纤维。作为填料，如棉服中棉絮、羽绒服中的羽绒等。

②纱线。作为服装辅料，如缝纫线、刺绣线等。

③织物。作为服装的面料和里料等。

（4）按服装构成分类

服用纺织品可分为面料、里料、衬料、填料、带类、缝纫线、刺绣线、扣紧材料、花边等。

6.1.2　常见服用纺织品

（1）棉布及棉型化纤织物

①平布。平布是采用平纹组织织造的纺织品，分为粗平布、中平布、细平布。粗平布粗糙厚实，常作为粗布衬衫用料和裤用料；中平布又称白市布，布面平整、质地坚牢，常作为被里布、衬里布；细平布又称细布，轻薄紧密，常作为内衣用料、夏季衣料。

②府绸。府绸也是平纹织物，其经密大于纬密，布面整洁，质地柔软、细致，常用于制作衬衫、夏季衣衫。

③麻纱。麻纱采用纬重平组织，经纱捻度高于纬纱捻度，质地轻薄、条纹清晰、挺爽透气，常作为夏季男女衬衫用料、裙料。

④卡其。卡其采用斜纹组织，分为线卡其、半线卡其、纱卡其。卡其结构紧密、坚牢耐用，常用于外衣和工作服的制作。

⑤哔叽。哔叽采用斜纹组织，分为线哔叽和纱哔叽。哔叽质地厚实、手感柔软，常用于男女服装、童帽的制作。

⑥灯芯绒。灯芯绒采用起毛组织，表面绒条如条状灯芯。灯芯绒绒条丰

满、质地厚实、保暖，常用于男女服装、鞋帽面料等的制作。

⑦泡泡纱。泡泡纱是采用化学工艺在表面形成凹凸状泡泡的纺织品。泡泡纱立体感强、质地轻薄、凉爽舒适，常用于女式衫、裙等的制作。

⑧巴里纱。巴里纱采用平纹组织，经纬纱均为精梳强捻纱，布面薄而透明。巴里纱布孔清晰、透明透气，常用于女式衫、头巾等的制作。

⑨防羽布。防羽布的经纬纱均为细特纱，经密纬密均高。防羽布布面平整、光洁，透气防羽绒，常用作滑雪衣、羽绒服、羽绒被面料。

（2）呢绒及仿毛化纤织物

①华达呢。华达呢为斜纹组织精纺毛织物，其呢面光洁、手感滑挺、富有弹性，常用于春秋服装的制作。

②凡立丁。凡立丁是一种平纹组织精纺毛织物，其轻薄透气、纹路清晰、舒适凉爽，常用于春秋服装的制作。

③马裤呢。马裤呢是一种斜纹组织精纺毛织物，其厚实紧密、挺括而富有弹性，常用于大衣、西装、礼服等的制作。

④麦尔登呢。麦尔登呢是一种斜纹组织粗纺毛织物，其手感丰润、富有弹性、耐穿耐磨、保暖性好，常用于大衣、制服、帽的制作。

⑤法兰绒。法兰绒是细支羊毛的粗纺毛织物，其手感丰满、绒面细腻、保暖性好，常用于男女服装的制作。

（3）丝绸及化纤长丝织物

①富春纺。富春纺是黏胶长丝与人造棉交织的丝织物，其经密大于纬密，绸面光洁、柔软滑爽、光泽柔和，常用于女式裙子、童装等的制作。

②乔其纱。乔其纱是一种绉经绉纬的丝织物，其轻薄透明、质地细致、柔软滑爽，常用于女式衫、连衫裙、围巾等的制作。

③软缎。软缎是一种蚕丝经丝与黏胶丝纬丝交织的经面缎，其明亮细致、手感柔软，常用于服装面料、婴儿斗篷、镶边等的制作。

④云锦。云锦是一种缎纹提花的熟织品，其质地紧密、色彩鲜艳，常用于民族服装、服装装饰物等的制作。

（4）麻布及仿麻化纤织物

①夏布。夏布是一种手工纺织的平纹组织苎麻织物，其强度高、吸湿快、易洗快干，常用于夏季服装的制作。

②亚麻布。亚麻布是一种亚麻纱纺织的平纹组织织物，其经密纬密均较小，织物挺括、吸湿性好、易洗快干，常用于夏季衬衫的制作。

③涤麻布。涤麻布是一种涤纶苎麻混纺纱织制的平纹组织织物，其平挺、易洗快干、舒适，常用于男女夏季服装的制作。

（5）针织面料

①涤盖棉针织面料。涤盖棉针织面料是一种双罗纹涤棉织物（涤纶纱为正面线圈，棉纱为反面线圈），其挺括抗皱、坚牢耐磨、吸湿透气，常作为夹克衫、运动服面料。

②涤纶经编面料。涤纶经编面料是低弹性涤纶丝织造的经平绒组织织物，其平挺、色彩鲜艳，常用于风衣、大衣、套装、上衣、裙子等的制作。

③棉毛衫面料。棉毛衫面料是一种纬编针织棉毛布（双罗纹组织），常用于内衣、T恤等的制作。

（6）绳

①缝纫线。缝纫线是常用于缝合织物的股线，其原料为棉、丝、涤纶、维纶等。

②麻线。麻线分为苎麻线、亚麻线和黄麻线，苎麻线用于缝制篷布、防雨罩等，亚麻线用于缝纫，黄麻线用于麻袋缝边、捆扎等。

6.1.3 服用纺织品的特性

（1）实用性

服装可保护人体免受不良环境的侵害。服用纺织品的风格和性能各有差异，需依据用途及款式选择原料。例如，夏天穿的T恤多为纯棉织物，秋冬穿的毛呢大衣多数为羊毛织物。

（2）装饰性

服装体现人们的审美，通过服装的搭配可以展现穿着者的风格。服装的色彩、图案、设计剪裁、材料质地等给穿着者提供一定的装饰效果。年龄、职业、社会环境等因素会使人的着装有一定的差异，如童装、职业装、演出服装等。

（3）安全性及功能性

随着人们环保意识的加强，安全、绿色的纺织品受到越来越多人的青睐。此外，人们对服用纺织品的功能提出了更多的要求，如抗菌、防臭、抗静电等。

（4）流行性

人们不断求新求异的现代消费意识，使得服用纺织品流行的颜色、图案、设计理念等不断变化，例如，某年夏天流行泡泡袖风格而另一年夏天可能流行蝴蝶结风格。

6.2　装饰用纺织品

装饰用纺织品通常指除服装用纺织品和产业用纺织品以外的纺织品，其具有较强的装饰性，装饰用纺织品也被称为家用纺织品。

6.2.1　分类

装饰用纺织品的种类众多，一般按照以下几种方法进行分类。

（1）按原料分类

①天然纤维制成的装饰用纺织品。如纯棉床单、亚麻桌布、真丝被套、羊毛地毯等。

②化学纤维制成的装饰用纺织品。如黏胶墙布、涤纶窗帘、锦纶地

毯等。

（2）按加工方法分类

①机织装饰用纺织品。如窗帘、床单、被罩等。

②针织装饰用纺织品。如薄型窗帘、窗纱、蚊帐等。

③非织造装饰用纺织品。如墙布、装潢布、地毯衬布等。

④编织装饰用纺织品。如地毯、装饰壁挂等。

（3）按用途分类

①床上用品类纺织品。如床单、被罩、枕套、毯子、被子、蚊帐等。

②窗帘类纺织品。如窗帘、门帘等。

③地面铺设类纺织品。如地毯等。

④墙面贴饰类纺织品。如墙布、像景等。

⑤卫生盥洗类纺织品。如毛巾、浴巾、马桶套等。

⑥厨房用品类纺织品。如桌布等。

⑦家具装饰类纺织品。如沙发套、电器罩等。

⑧其他。指各种以纺织材料为基础而制成的装饰，如玩偶摆件、壁挂等。

6.2.2 常见装饰用纺织品

（1）床单

床单常用于床上铺垫，如全色床单、条格床单、提花床单、印花床单等。

（2）被套

被套是被子的袋状套子，如真丝被套、锦缎被套、纯棉被套。

（3）窗帘

窗帘是装饰窗户、遮蔽视线的窗布，如窗纱、透帘、厚帘等。

（4）地毯

地毯是常用的软质铺地材料，如手工栽绒地毯、机织提花地毯、机织簇绒地毯、针刺地毯等。机织簇绒地毯和针刺地毯生产效率高、价格低廉，应用广泛。

（5）毛巾

毛巾是常见家庭日用品，如全白毛巾、彩条毛巾、素色毛巾、印花毛巾、提花毛巾等。

（6）墙布

墙布常用于装饰墙面，如非织造墙布、针织墙布、机织墙布等。

（7）桌布

桌布常用于覆盖桌面或台面，如全白桌布、彩色桌布、印花桌布、提花桌布、绣花桌布等。

（8）沙发布

沙发布常用于覆盖沙发表面，如密纹装饰缎沙发布、罗缎沙发布、大提花沙发布、针织沙发布等。

6.2.3　装饰用纺织品的特性

（1）装饰性

装饰用纺织品需要同家具在款式、色彩、图案、风格等方面形成一个整体，同时还需要实现美化、装饰功能，如客厅的窗帘、抱枕、地毯等需与客厅家具形成整体，并起到美化装饰客厅的作用。

（2）实用性

实用性是装饰用纺织品的一个重要特性。如床上用品不仅应美化家居环境，还应具备舒适性、保暖性等性能。

（3）安全性

人群密集场所（如居民住宅楼、酒店等）的装饰用纺织品最好具备阻燃性、抗紫外线性、抗菌性、抗静电性、抗螨性等性能，以满足人们安全健康生活的需求。

（4）流行性

人的审美需求是不断变化的，装饰用纺织品也应紧跟时代风尚不断发展。

6.3　产业用纺织品

产业用纺织品是指专门设计的、具有工程结构特点的纺织品，其在工业、农业、渔业，以及医疗卫生、交通运输、文体娱乐、军工国防等行业均有应用。产业用纺织品可作为其他产品的组成部分使用，如汽车轮胎中的帘子线；也可单独使用，如安全气囊，手术缝合线等。

6.3.1　分类

产业用纺织品的种类众多，一般可按照以下几种方法进行分类。

（1）按使用原料分类

①天然纤维制成的产业用纺织品。如以麻为原料生产的水龙带等。

②化学纤维制成的产业用纺织品。如以强力黏胶纤维为原料生产的传送带、绳索，以丙纶为原料生产的过滤织物，以玻璃纤维为原料生产的风力发电的叶片，以碳纤维为原料生产的羽毛球拍等。

（2）按加工方法分类

按加工方法产业用纺织品大致可分为以下几类。

①非织造产业用纺织品。如农业用顶棚材料、土工布、空气过滤材

料等。

②机织产业用纺织品。如毯子、安全气囊、船帆等。

③针织产业用纺织品。如过滤布等。

④编织产业用纺织品。如地毯、汽车内饰、渔网等。

（3）按用途分类

产业用纺织品按最终用途划分，大致可分为16类。

①农业栽培用纺织品。如寒冷纱等。

②渔业与水产养殖用纺织品。如渔网，人工海草、人工海藻及人工渔礁用料等。

③土工用纺织品。如土工格栅用料、土工布等。

④管、带、轮胎的骨架用纺织品。如风力发电叶片、汽车帘子布等用料。

⑤棚盖布、帆布。如帐篷布、遮盖帆布等。

⑥工业用呢、毡。如吸油毡、隔音毡等。

⑦产业用线、带、绳。如装饰带、安全带、缆绳等。

⑧革、瓦等基布。

⑨过滤用纺织品及筛网。如气体过滤纺织品、污水过滤纺织品等。

⑩隔层用纺织品及绝缘用纺织品。如电池隔膜、电磁屏蔽纺织品等。

⑪包装用纺织品。如购物袋、日用品包装等用料。

⑫各类劳保、防护用纺织品。如宇航服、消防服等用料。

⑬文体娱乐用品材料。如运动器材、睡袋等用料。

⑭医疗卫生及妇幼保健纺织品。如纱布、绷带、棉签、纸尿裤、矫正带、纤维增强复合材料制备的轮椅、担架等用料。

⑮国防工业用纺织品。指军事国防建设所需的纺织品。如军装、降落伞、伪装网等用料。

⑯其他，如擦拭布、衬布等其他产业用纺织品。

6.3.2 常见产业用纺织品

（1）寒冷纱

寒冷纱是一种采用纺黏法制备的非织造布，可调节温度，以提前或延后作物成熟。

（2）渔网

渔网分为结节渔网、经编渔网、绞捻渔网，网丝多为为锦纶、涤纶。经编渔网是由拉舍尔经编机织造的无结网，其平整、耐磨、质量轻、结构稳定，常用作网箱网、定置网。

（3）土工布

土工布分为公路用土工布、铁路用土工布、土工模袋等，以锦纶、涤纶、维纶、丙纶为原料，常用于各类土木工程的施工中。

（4）帘子布

帘子布是用于制作轮胎骨架的材料，经线为强力帘子线，其多以高强黏胶纤维、锦纶为原料。

（5）遮盖帆布

遮盖帆布是一种防水、防油的厚重织物，织物多强度高、质地挺括。

（6）吸油毡

吸油毡的制作用得最多的是一种可吸油的非织造材料，用于油水分离、微尘过滤等。

（7）缆绳

缆绳多是由锦纶、丙纶等材料制成的，其密度低、强度高、耐腐蚀性强，常用于起重机、渔业生产拖拉器具等之中。

（8）非织造滤气布

非织造滤气布是一种针刺或黏合类的非织造布，其应用于空气净化、除尘等。

（9）止血纱布

止血纱布是由绒布、止血材料、聚乙烯网热压黏合而成，可用于包扎伤口等。

6.3.3　产业用纺织品的特性

（1）产业用纺织品所用原料广泛，其应用的场所、领域不同，所要具备的性能就会不同。产业用纺织品的制作除使用常规纤维外，也使用一些高性能纤维，如芳纶、碳纤维、高强高模聚乙烯纤维等。

（2）产业用纺织品可以以纤维形态使用，如过滤用的中空纤维；也可以以线、绳、带形态使用，如手术缝合线、缆绳等；也可以以片状织物形态使用，如土工布；还可以以三维形态使用，如复合材料的增强体等。

（3）使用功能上人们对产业用纺织品的要求远远高于对服用纺织品和装饰用纺织品的要求。除了要求物理机械性能高和稳定性好外，还可能会要求产业用纺织品具有阻燃、防水、抗菌、防霉等各种防护功能。为了更好地发挥产品特性，多数产业用纺织品需要经过涂层、层压和复合等加工整理。

思考题

1. 你认为服用纺织品的优劣如何鉴别？
2. 简述常见产业用纺织品类别。

第7章　纺织的发展趋势

7.1　纺织制造技术的发展趋势

21世纪，创新、高效、节能、柔性、环保、多样化、个性化是未来纺织制造的发展趋势，该发展趋势也推动了设计理念的变革。[①] 纺织制造过程中，应不断融入新设计方法、新设计技术，并在新工艺、新材料等方面不断取得突破。

7.1.1　纺织机械发展趋势

（1）化纤机械

随着科技的进步，自动化、信息化技术在化纤机械生产领域有了更加深入的应用，这不仅可以为化纤生产提供先进的生产设备，而且还能提供更加完整的化纤生产系统解决方案和服务。化纤机械正不断向数字化、柔性化、智能化方向发展。例如，高速卷绕装置、假捻变形机、复合结晶系统等的发展与应用。

---

① 李晓慧，郝杰，欧阳潇，等. 纺织业如何搭上"中国制造2025"快车[J]. 纺织服装周刊，2015
　（21）：20-26.

（2）纺纱机械

纺纱机械将实现数字化转型，棉纺成套设备继续向高产、高速、自动化、信息化方向发展。[①] 在纺纱机械行业，随着5G技术的应用，以工业互联网和云计算服务平台为基础，纺纱生产过程的实时数据采集、质量追溯、设备的远程可视化运维等技术将得到大面积推广。

（3）织造机械

国产剑杆织机、喷气织机、喷水织机已完成产品升级换代，在速度、织制品种、整机制造工艺水平等方面进步显著，制造技术愈发成熟。正朝着实用高效、节能降耗、智能化控制、产业化应用等方向发展，以满足面料开发以及终端应用等领域不断变化的新需求。[②]

（4）针织机械

针织产业正由常规加工织造产业转变为智能制造和创意设计并举的时尚产业，智能制造提升了针织机械的花型设计能力，为面料组织和创意设计开设了无限空间。[③]

针织设备制造企业纷纷推出了更加高效化、精细化、智能化的创新产品，体现出了针织机械的多元化发展趋势。例如，多家企业展出了高机号、多针道纬编圆机，这种针织机械可用于生产各类双面织物；一些公司展出的单机头、三系统电脑横机可以编织鞋面、运动服、医疗护膝、帽子等多种产品，甚至可以编织多层织物；还有一些公司展出了带有织物疵点照相及自停装置的高速特里科经编机，其展示出了经编设备的数字化和自动化水平。

（5）染整机械

染整机械的设备及工艺技术进步较为突出，其体现在：自动化、数字化控制技术在设备上的应用为节能减排提供了技术保障；高效短流程印染设备

---

① 李晓慧，郝杰，欧阳潇，等.纺织业如何搭上"中国制造2025"快车[J].纺织服装周刊，2015（21）：20-26.

② 李晓慧，郝杰，欧阳潇，等.纺织业如何搭上"中国制造2025"快车[J].纺织服装周刊，2015（21）：20-26.

③ 王继征.产品既可时尚也能尖端[N].中国纺织报，2021-11-15（3）.

更能满足市场的需求；随着面料市场结构的改变，针织物所占比重逐渐增加，连续式针织物前处理设备逐渐展现其优势；配备数字化能耗监控系统和余热回收系统的双层节能热风拉幅定形机的研制成功实现了批量生产，显著提高了生产效率和能源利用效率。

（6）印花机械

在印花方面，数字化、绿色化技术的典型代表是数码喷墨印花机，其具有小、多、高、短、低、少（即小批量、多品种、高精度、短流程、低能耗、少污染）的特点，所制造的印制品也被赋予了高创意、更时尚的特点。

（7）纺织器件

随着新材料、新技术的应用，纺织器件在制造精度、表面材质、使用性能、制造工艺等方面得以发展。高精钢丝圈、高精钢领、高精异形筘、高精剑杆头、高精测试元件、高性能梳理件、高性能胶辊胶圈、高性能电子清纱器等是纺织器件进步的典型案例。中国纺织器材行业正处在重大机遇期，大力提升自身创新能力是关键。[①]

7.1.2 纺织机械设计的发展

（1）光机电一体化技术在纺织机械上的应用

PLC（可编程逻辑控制器）、变频器、伺服控制系统等已被广泛用于各类纺织机械设备。自调匀整、在线张力检测、自动检测、电子选纬和电子送经等生产工序，广泛采用了光机电一体化技术。以数字化、模块化技术为基础的检测、控制、传动、遥控是纺织机械实现光机电一体化技术提升的必经途径。

光机电一体化技术在纺织机械上的应用还表现在以下几个方面：在纺织机械中，快速、高精度、智能化、网络化成型传感器的应用；在纺织机械控

---

① 徐林，祝宪民. 加快纺织器材产品创新 满足行业发展要求 [J]. 纺织器材，2014，41（1）：2-4.

制系统中，计算能力强、通信方便的嵌入式专业控制器的应用；能够改变传统机械调速系统的电动拖动调速系统的应用；以及各种现场控制总线协议、远程通信协议构成的有线和无线通信系统的应用。

（2）纺织机械设计的新理念

融合机械产品设计理论、设计方法和设计技术，以机构学、机械动力学、摩擦学为基础，探索多学科理论、方法、技术融合，并在新材料、新技术方面获得突破，是未来纺织机械设计的新理念方向。新理念可归纳为：机械与工艺集成的新工艺（如环保有机溶剂应用带来的工艺革命性变革），与纺织生产相关的新基础理论（如纤维与金属磨损基础理论、柔性体与气流作用理论、热力学与热效率理论等），复合材料、无机材料的应用（如碳纤维增强复合材料的剑带、剑头，陶瓷摩擦盘、导丝器等），全数字化纺织制造应用，虚拟技术的应用，机械可靠性设计技术应用，柔性化和模块化设计，绿色设计与制造，集成化设计（如减少工序衔接环节、缩短工艺流程）。

7.1.3　纺织智能制造技术

自国务院印发《中国制造2025》以后，多项关于制造业升级改造的专项政策出台。在《"十四五"智能制造发展规划》中明确了"十四五"期间智能制造业的目标和任务，其中提出到2025年，规模以上制造业企业大部分实现数字化网络化，重点行业骨干企业初步应用智能化；到2035年，规模以上制造业企业全面普及数字化网络化，重点行业骨干企业基本实现智能化。

（1）智能纺织装备设计[①]

智能纺织装备设计主要体现在以下几点。

①研发纺织智能传感器与控制单元、智能检测与分析器件，如棉条、纱线均匀度在线检测，染液浓度在线检测与控制，织物疵点在线检测，纺织材

[①] 陈革，杨建成.纺织机械概论（第2版）[M].北京：中国纺织出版社，2021.

料回潮率在线检测，纺织材料色差、色度在线检测与控制等。

②研发纺织机器人，如工序切换或补给的纺织机器人，落丝机器人，换筒机器人，丝饼搬运机器人，纺纱接头机器人，穿经机器人，纱疵、织疵检测机器人等。

③研发化纤、纺纱、织造、针织、非织造、染整等智能化成套设备，如智能化生产线、环境智能监控、智能物流等智能化成套系统。

（2）纺织机械设计的新模式

现代纺织生产具有多工序化、连续化、多机台作业及劳动密集、轮班作业、成本比重高、产品变化快等特点。在纺织行业推进智能制造，需围绕智能制造的生产模式，紧扣关键工序智能化、生产过程智能化控制，加快建设数字化车间和智能工厂，不断培育智能制造新模式。

①离散型智能制造模式。离散型智能制造模式指离散化生产过程形成的制造模式，其重点在于推进智能车间的集成示范，推进数字化设计、装备智能升级、工艺流程优化、可视化管理、质量控制追溯等系统的应用。

②流程型智能制造模式。流程型行业的特点是管道式物料输送，生产连续性强，流程规范，工艺柔性小，产品单一、原料稳定。化纤生产流程具有流程型制造特点。流程型智能制造模式重点在于智能工厂的集成创新，提升企业的资源配置、过程控制、质量控制、能源管理、安全生产等方面的智能化。

③网络协同制造。加强网络化建设，实现研发、设计、运行、服务的智能化管理，重点建设网络化制造资源协同平台。

④大规模个性化定制。结合电子商务、个性化定制，实现需求多样化、快速化的反应机制，重点建设个性化需求信息平台、定制服务平台。

⑤远程运维服务。远程运维服务是制造业智能化升级的主要方向，该运维模式可实现企业车间生产周期管控及远程数据维护、运行服务。基于工业大数据、工业互联网等的远程运维服务可为纺织企业生产搭建智能管控的云平台。

7.2　纺织品功能化

常规纺织品功能化有以下两方面。

（1）采取某些特种纤维和功能纤维，开发与生产具有一定功能的纺织品。如以彩棉、竹纤维、羊绒、驼绒等天然纤维和抗菌纤维、阻燃纤维等功能纤维为原料，开发的新型复合功能纺织品。

（2）对纺织品进行功能性整理，在纤维、纱线及织物等成品上利用整理剂进行功能改性，赋予产品所需的功能。如经过有机氟整理的耐久性抗油拒水织物，带有聚四氟乙烯涂层的防水防风透湿织物，经过抗菌剂整理的抗菌织物等。

功能性纺织品的开发包括以下三个方面。

（1）功能复合化

随着功能性纺织品开发技术的成熟，多功能的复合化产品逐渐成为未来开发的重点。多功能复合化促使纺织产品向着深层次和高档次方向发展，功能复合化不仅可以克服纺织品本身的缺点，还赋予了纺织品更多的功能。

（2）整理生态化

目前，纺织品功能整理多采用化学试剂赋予纺织品相应的功能，但部分在功能整理过程中使用的化学试剂是有害的，一旦处理不当就会对环境造成污染。2021年，由中国纺织工业联合会主办的中国纺织绿色发展大会在上海举行，与会专家指出，坚持"科技创新"和"绿色发展"是纺织行业未来发展的主动力。因此，在纺织品功能整理过程中寻求绿色整理剂将是行业发展的必经之路。

（3）技术融合化

随着纳米技术、微电子技术、生物技术、等离子体技术等高新技术的迅猛发展，这些技术在纺织品功能整理领域的应用也不断扩大与深化。纳米表面改性技术可使得整理剂分子以更小的尺度分散于纺织品内外部，为多功能

（如防紫外线、防静电、防电磁辐射等）纺织品开发创造更有利、更稳定的条件。同时，高新技术与功能整理技术的融合，可改善产品性能并提升产品附加值。

7.3　纺织生产信息化

新一代信息技术促进了的产业的蓬勃发展，数字化转型是制造业的大势所趋。作为传统劳动密集型产业的纺织行业，纺织生产必须抢抓机遇，实现纺纱行业高质量发展，逐步将我国从纺织大国建设成纺织强国。纺织生产信息化应用领域主要有企业管理、产品设计、生产过程控制、生产装备和企业间协作等，涉及的技术主要有计算机网络技术、自动控制技术、现代管理技术和制造技术等。

7.3.1　管理信息化

管理信息化系统包括MIS（管理信息系统）、MRP（物资需求计划）软件、ERP（企业资源计划）软件等。管理信息化系统以内部网为依托，覆盖整个企业的管理部门、生产车间，实现对生产的全面管理和信息共享。ERP软件可实现企业内外集成、管理整条供需链和系统的同步（协同）等，很适合纺织行业。ERP软件、MIS软件等产品在国内纺织企业中的需求量猛增，已成为企业需求的重点和亮点，可进一步提高纺织企业生产管理和科学决策水平。例如，浙江某信息技术有限公司联合化纤企业打造了化纤ERP软件；

浙江某技术有限公司联合纺织品整理企业打造了纺织品整理ERP软件；杭州某科技有限公司联合服装企业打造了服装ERP软件。

7.3.2　产品设计信息化

（1）服装CAD系统

服装CAD系统可实现款式设计和排料等功能，相关技术已成熟。多家企业推出了服装CAD软件。三维服装CAD现已进入商品化阶段，其开发重点是3D人体扫描和服装款式设计。

（2）印花图案CAD/CAM系统

印花图案CAD/CAM系统的应用是许多印染企业进行技术升级的方向。该系统通过彩色画稿扫描输入图案或由计算机直接生成图案，经处理后调配色彩以达到理想效果，再由激光照排机输出胶片。目前，一些企业推出了印花CAD系统。在CAM系统方面，荷兰一家公司研制了激光制网系统；我国杭州的一家公司研制了喷蜡制网系统，另外一家杭州公司研制了喷墨制网系统。

（3）计算机配色系统

计算机配色系统是建立在染料基础光学数据库基础上的。计算机配色系统将来样的色彩测出，输入计算机，再由计算机处理为多组数据方程，形成不同价格、不同色差的染料配方。

7.3.3　生产过程控制自动化

印染生产的自动控制在于对前处理、染色、后整理生产线的控制。例如，对退浆、煮练、漂白、丝光、染色、蒸化、定型等工序的温度、液位、过氧化氢浓度、碱浓度、织物表面温度等参数进行在线检测，并对主要参数和物料配送进行实时控制。

印染生产环境较差、运转快，因此控制系统应具有反应快速、控制稳定且抗干扰能力强的特点。一些设备装设了在线检测装置。杭州一家公司开发了在线采集、连续检测与控制系统。

化纤生产工艺连续性强，自动化要求高。因此，化纤生产线大多配置了生产过程自动化控制系统。

近年来，面对小批量、多品种的市场要求，江苏、浙江、山东、河南等地的纺纱、织布公司逐步开始采用生产线自动控制系统，提高管理水平。

7.3.4 纺织业智能制造

（1）纺织智能生产

在智能制造时代，消费者可直接参与产品设计、原料配制、订货计划、生产制造、物流配送等环节。物联网融入、控制制造业的各作业环节，实现个性化、小批量生产。工信部发布了《纺织工业发展规划（2016—2020年）》，规划中指出纺织业是中国智能制造的试点产业之一，要建设制造商、零售商、客户之间的信息集成平台，实现整个纺织行业的智能化。以某公司为例，其使用了新一代ERP系统，实现了生产系统和销售系统的融合。2010年某公司新上线的ERP系统，将生产、销售、人事管理、物料管理、财务管理、质量控制等集成在一起，使用大数据处理企业资源。

（2）纺织智能工厂

随着纺织装备在单机智能化方面的不断进步，实现各工序的连续化成为网络化和智能制造的关键。以纺纱为例，清梳联已经发展成熟，粗细联、细络联、粗细络联也开始在部分企业应用。这些装备将各纺纱工序直接衔接，可节省人工，提高效率。目前，欧洲的纺织厂已基本实现车间无人化生产。随着人工成本的持续提高，我国纺织企业大都认同智能化的发展方向，智能化、连续化装备的前景十分明朗。在国内，一些大型企业已加快智能化的步伐。我国某公司着力打造"智能工厂"，通过物联网与服务网将智能机器、存储系统和生产设施融入虚拟网络–实体物理系统（CPS）中；某纺织场建设了基于虚拟试衣及大数据技术的网络化定制生产体系。

（3）5G+工业互联网

工信部发布的第二批"5G+工业互联网"的十个典型应用场景和五个重点行业实践中，纺织行业为重点行业实践的五个行业之一，一些企业利用5G技术，开展了生产单元模拟、工艺合规校验、生产过程溯源、企业协同合作等典型场景的实践，极大提高了行业的数字化水平，如图7-1所示。比如某服装制造有限公司与某通信企业合作，开展了"5G+数字孪生"项目建设，实现了生产单元模拟场景的应用；某时尚股份有限公司与某通信企业合作，开展某"5G+工业互联网"云平台项目建设，实现了工艺合规校验场景的应用；某集团化纤板块河南基地与某通信企业合作，开展了"锦纶长丝5G+工业互联网平台"项目建设，实现了生产过程溯源场景的应用；某集团股份有限公司与某通信企业合作，搭建化纤产业5G+工业互联网平台"凤平台"，实现了企业协同合作场景的应用。

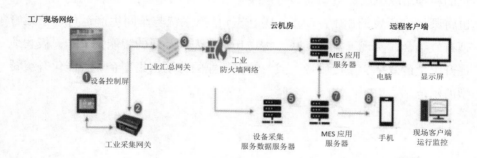

图7-1 某企业工业互联网流程图

7.4　智能制造经典案例

案例1

以安徽某企业为例，其投资建设了一条新型智能化纺纱生产线。该智能化生产线是国内最具代表性的智能纺纱项目，被安徽省认定为"数字化车间"。

与传统生产车间相比，该智能化生产车间安装了新型清梳联机组、自动化的粗细络联机组、自动筒纱打包线等智能设备。同时，该智能化生产车间也将某自主研发的ERP、EMS、HMES等信息系统与车间生产运行、单元管理有效结合，实现了机机互联、物物互联、人人互通的智能化生产，极大地提升了生产效率、生产质量，成为纺织行业的劳动密集型企业智能化升级转型的示范。

案例2

以某成立于1978年的集团为例，经过几十年发展，其业务涉及了种、纺、织、染、制、售（即育种、种植、纺纱、织布、染整、制衣和零售）等环节，形成了以衬衫为主产品的全产业链经营体。该集团年产成衣1亿件，是目前全球最大的全棉衬衫制造及出口商。该集团的全产业链由以下几块构成：（1）新疆的棉花基地、纺纱厂（生产高档棉纱）；（2）广东的针织厂；（3）中国沿海城市的染整厂和色织厂；（4）江苏、浙江、广东的制衣厂。

以该集团的全流程智能化项目为例，其运用了智能粗纱运输系统、自动条筒运输系统等新型设备。为了加强纺纱环节的质量监控，还运用了纺纱智控系统、智能手机终端，实现了智能化管控车间生产运行，并实时生成生产数据。

案例3

全球首个无人自动化生产线落地我国某智造工厂，从智能裁剪、智能缝纫、智能后整、智能运输，到产线的智能化，实现全程无人自动化生产。该工厂24小时不间断运行，开启纺织制造业无人化生产先例，流程见图7-2。设备智能化日渐成熟，机器取代人工，少人化、无人化，是各制造业发展的必然趋势。

以圆领衫的加工为例，圆领衫的制作工序较简单，大部分工序由自动化机器完成，相邻工序衔接位置由传送带完成。在生产线的前道设智能裁剪，后道设智能整烫、智能包装和分拣，整个生产线就可实现自动化无人操作。

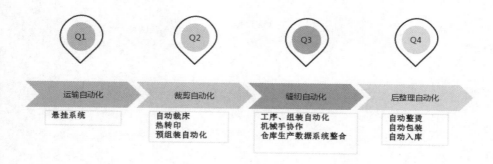

图7-2　圆领衫智造

案例4

以某集团为例，其在邹魏建设了智能化纺纱车间。该车间依托智能化生产设备、智能化管控系统实现了"生产全程自动化""控制系统智能化""在线监测信息化"。在车间总控平台即可查看全车间生产情况、生产数据、生产报表、出勤情况等。该智能化纺纱车间的生产具有高度连续性，人工接触纱线概率极低，成纱质量和效率大幅提升，实现了"熄灯生产"的生产状态，也称为"熄灯智能车间"。

思考题

1. 你认为纺织制造技术发展的方向是什么？
2. "无人工厂"如何体现"无人"？

参考文献

[1] FAN H W，LI K R，LIU X L，et al. Continuously processed，long electrochromic fibers with multi-environmental stability [J]. ACS Applied materials & interfaces，2020，12（25）：28451-28460.

[2] YANG W F，GONG W，GU W，et al. Self-powered interactive fiber electronics with visual‐digital synergies [J]. Advanced Materials，2021，33（45）：2104681.

[3] 蔡再生. 染整概论 [M]. 北京：中国纺织出版社有限公司，2020.

[4] 曹秋玲，王博. 丝绸之路棉纺织考古研究 [M]. 上海：东华大学出版社，2017.

[5] 陈革，杨建成. 纺织机械概论 [M]. 北京：中国纺织出版社，2011.

[6] 陈佳. 功能性家用纺织品的创新开发与发展趋势 [J]. 纺织导报，2020（8）：28-35.

[7] 程庸，若隐. 中国元素[M]. 上海：东方出版中心，2009.

[8] 崔红，毕红军. 装饰用纺织品 [M]. 北京：中国纺织出版社，2018.

[9] 俄军. 丝绸之路文物考古研究 [M]. 兰州：甘肃教育出版社，2015.

[10] 范雪荣. 纺织品染整工艺学第3版 [M]. 北京：中国纺织出版社，2017.

[11] 耿世民. 新疆历史与文化概论 [M]. 北京：中央民族大学出版社，2006.

[12] 郭腊梅. 纺织结构成型学 3：纺织品染整 [M]. 上海：东华大学出版社，2016.

[13] 郭兴峰. 三维机织物 [M]. 北京：中国纺织出版社，2015.

[14] 何阳亮. 新国际分工背景下纺织服装产业转移研究——以南通市为对象 [D]. 南京：东南大学，2016.

[15] 贺超海. 中国传统工艺的当代价值研究 [D]. 北京：北京科技大学，2018.

[16] 贺庆玉. 针织概论 [M]. 北京：中国纺织出版社，2018.

[17] 胡吉永. 纺织结构成型学. 2：多维成形 [M]. 上海：东华大学出版社，2016.

[18] 柯勤飞，靳向煜. 非织造学 [M]. 3版. 上海：东华大学出版社，2016.

[19] 孔卡尔. 智能纺织品及其应用 [M]. 贾清秀，裴广玲，李昕译. 北京：中国纺织出版社有限公司，2021.

[20] 李斌. 中国长三角地区染织类非物质文化遗产研究 [D]. 上海：东华大学，2013.

[21] 李大鹏. 纺织材料与检测 [M]. 天津：天津大学出版社，2013.

[22] 李锦华. 染整工艺设计 [M]. 北京：中国纺织出版社，2009.

[23] 李强，李斌，李建强. 对英国工业革命时期纺织机械发明传统观点的再解读 [J]. 丝绸，2014，51（6）：68-74.

[24] 李晓慧，郝杰，欧阳潇，等. 纺织业如何搭上"中国制造2025"快车 [J]. 纺织服装周刊，2015（21）：20-26.

[25] 刘森，杨璧玲. 纺织染概论 [M]. 3版. 北京：中国纺织出版社，2017.

[26] 龙海如，秦志刚. 针织工艺学 [M]. 上海：东华大学出版社，2017.

[27] 娄春华，侯玉双. 高分子科学导论 [M]. 哈尔滨：哈尔滨工业大学出版社，2019.

[28] 吕立斌. 纺织服装概论 [M]. 北京：中国纺织出版社，2018.

[29] 马建伟，郭秉臣，陈韶娟. 非织造布技术概论 [M]. 北京：中国纺织出版社，2004.

[30] 彭珺. 香云纱色彩与图案的传承与创新研究[D]. 广州：广东工业大学，2020.

[31] 彭雪琴. 六朝诗歌中的服饰意象 [D]. 上海：上海师范大学，2011.

[32] 齐小艳. 丝绸之路历史文化研究 [M]. 北京：煤炭工业出版社，2017.

[33] 宋慧君，刘宏喜. 染整概论 [M]. 上海：东华大学出版社，2017.

[34] 宋心远，沈煜如. 新型染整技术 [M]. 北京：中国纺织出版社，1999.

[35] 孙瑞哲. 新时代 新平衡 新发展——建成世界纺织强国的战略与路径 [J]. 纺织导报，2018（01）：15-16，18-28.

[36] 孙瑞哲. 纺织服装产业可持续融合发展——区域合作应对全球挑战 [J]. 纺织导报，2019（5）：25-32.

[37] 孙瑞哲. 新时代下行业发展面临的历史性变化[J]. 纺织导报，2018（1）.

[38] 孙瑞哲. 中国纺织工业的创新发展与供应链重构 [J]. 纺织导报，2017（7）：24-36，40-41.

[39] 田琳. 服用纺织品性能与应用 [M]. 北京：中国纺织出版社，2014.

[40] 王炳华. 新疆历史文物 [M]. 刘玉生等摄. 乌鲁木齐：新疆美术摄影出版社，1999.

[41] 王菲，李娟，杨年生，等. 三维立体纺织增强材料助力神十一飞天 [J]. 纺织科学研究. 2017（6）：37-39.

[42] 王革辉. 服装材料学 [M]. 北京：中国纺织出版社有限公司，2020.

[43] 王继征. 产品既可时尚也能尖端 [N]. 中国纺织报，2021-11-15（3）.

[44] 王建坤，张淑洁. 新型纺纱技术 [M]. 北京：中国纺织出版社有限公司，2019.

[45] 王铭，李岸锦，孙立，等. 棉花历史漫谈 [J]. 山东纺织经济，2017（05）：42-43.

[46] 王宁. 基于历史背景的嫘祖服饰造型探索 [J]. 纺织科技进展，2019（6）：50-53，62.

[47] 王善元，于修业. 新型纺织纱线[M]. 上海：东华大学出版社，2007.

[48] 西鹏. 高技术纤维概论 [M]. 2版. 北京：中国纺织出版社，2015.

[49] 夏志林. 纺织天地 [M]. 济南：山东科学技术出版社，2013.

[50] 肖长发. 化学纤维概论 [M]. 3版. 北京：中国纺织出版社，2015.

[51] 徐红，单小红. 棉花检验与加工 [M]. 北京：中国纺织出版社，2006.

[52] 徐林，祝宪民. 加快纺织器材产品创新 满足行业发展要求 [J]. 纺织器材，2014，41（1）：2-4.

[53] 许瑞超，王琳. 针织技术 [M]. 上海：东华大学出版社，2009.

[54] 薛元. 纺织导论 [M]. 北京：化学工业出版社，2013.

[55] 闫承花. 化学纤维生产工艺学 [M]. 上海：东华大学出版社，2018.

[56] 晏雄. 产业用纺织品 [M]. 上海：东华大学出版社，2003.

[57] 杨建成. 三维织机装备与织造技术 [M]. 北京：中国纺织出版社，2019.

[58] 杨楠. 纺织概论 [M]. 上海：东华大学出版社，2018.

[59] 于伟东. 纺织材料学 [M]. 2版. 北京：中国纺织出版社，2018.

[60] 郁崇文. 纺纱学 [M]. 北京：中国纺织出版社，2009.

[61] 张恒龙. 丝绸之路与欧亚的繁荣稳定 [M]. 北京：时事出版社，2019.

[62] 张一风，张慧. 纺织企业管理 [M]. 上海：东华大学出版社，2008.

[63] 赵丰，尚刚，龙博. 中国古代物质文化史. 纺织[M]. 北京：开明出版社，2014.

[64] 赵圣忠，赵菊梅，谢永信. 新型纱线产品开发与创新设计 [M]. 上海：东华大学出版社，2018.

[65] 赵展谊. 针织工艺概论 [M]. 北京：中国纺织出版社，2008.

[66] 中国大百科全书总编辑委员会. 中国大百科全书 [M]. 北京：中国大百科全书出版社，2022.

[67] 中国纺织工业联合会.《纺织行业"十四五"科技、时尚、绿色发展指导意见》全文发布 [J]. 纺织科学研究，2021（8）：28-44.

[68] 中华人民共和国工业信息化部. 2020年服装行业运行情况[Z/OL].（2021-02-04）[2022-12-19].https://www.miit.gov.cn/jgsj/xfpgys/fz/art/2021/art_37f274b5959142809c1c5973fc86d5e6.html.

[69] 钟文国. 手工制作教程 [M]. 广州：广东高等教育出版社，2015.

[70] 周启澄. 纺织科技史导论 [M]. 上海：东华大学出版社，2002.

[71] 周启澄. 纺织染概说 [M]. 上海：东华大学出版社，2004.

[72] 朱苏康，高卫东. 机织学 [M]. 2版. 北京：中国纺织出版社，2015.

[73] 自然科学史研究所. 中国古代科技成就[M]. 北京：中国青年出版社，1978.

[74] 宗亚宁，张海霞. 纺织材料学 [M]. 上海：东华大学出版社，2013.

[75] 宗亚宁，张海霞. 纺织材料学 [M]. 上海：东华大学出版社，2019.

责任编辑：张微微　张　迪
封面设计：马静静

纺织技术

概论

ISBN 978-7-5686-0812-1

9 787568 608121 >

定价：72.00元